网络工程专业“十二五”规划教材

卫星广播技术

车 晴 王京玲 编著

韦博荣 主审

中国传媒大学出版社

·北京·

目 录

第1章　概　论

■ **本章要点：**

1. 数字卫星广播的优点
2. 卫星广播使用的频率
3. 卫星广播系统的组成

卫星通信系统是世界通信系统不可或缺的组成部分，它不仅传输数据和电话信息，更是传输着大量的广播电视信号。在 20 世纪 90 代以后，光缆、卫星、微波构成了我国通信线路和广播电视覆盖的三种基本传输方式。

我国幅员辽阔、地形复杂、人口众多而分布又很不均匀，利用卫星传输广播和电视节目，作为一种提高广播电视人口覆盖率、改进传输质量的最有效、最经济、最先进的手段，30 年来在我国广播电视事业中得到了蓬勃发展和广泛应用，目前卫星广播已经成为一种覆盖全国的主要广播方式。

本书的目的就是力求对卫星广播作一个全面且系统的介绍。

1.1　卫星广播发展历史

1.1.1　发展简史

1945 年，英国科幻小说作家阿瑟 · C. 克拉克在世界上首次提出了使用卫星进行远距离无线电通信和无线电广播的设想。克拉克在《无线电世界》杂志上发表文章，文中他建议使用火箭发射一颗人造地球卫星，卫星的轨道位于地球赤道上方 35900km 处，这样卫星围绕地球转动的速度与地球自转的速度相同，因此从地面上看卫星是固定不动的，卫星上装有接收设备、发射设备和天线，故可将信号转发到地面上，一颗同步卫星可以覆盖地球表面 42%的区域。克拉克同时还提出在卫星上使用太阳能作为能源。克拉克的设想与当今的同步通信卫星是何等的相似。图 1－1 为利用静止卫星实现全球卫星通信的示意图，显然若想覆盖全球（南极地区、北极地区除外），需要发射三颗同步通信卫星，每颗同步通信卫星的高度为 35786km，星上全球波束天线的半顶角为 8°42′。

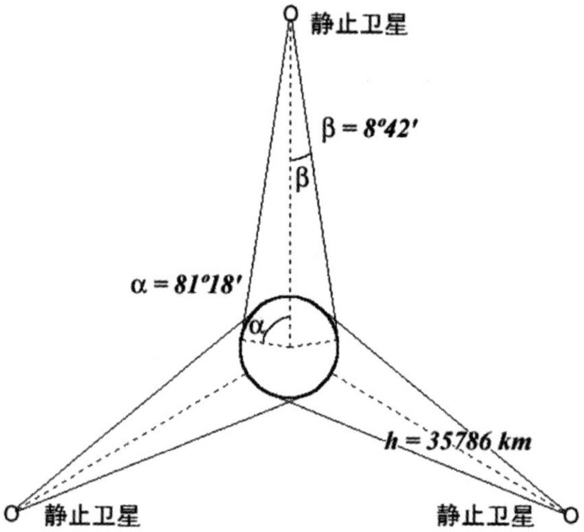

图 1－1　利用静止卫星实现全球通信示意图

1957 年 10 月 4 日，苏联成功发射了人类历史上的第一颗人造地球卫星（СПУТНИК），开创了人类走向太空的新纪元，同时为实施克拉克的设想迈出了坚实的一大步。

1960 年 4 月，美国发射回声一号卫星（Echo－I），并使用其上敷有铝箔的气球对无线电信号进行反射而成功地完成了通信实验。

1962 年，美国发射一颗名为 Telstar－I 的有源通信卫星，首次进行了横跨大西洋的电视转播和传送多路电话的试验。

1963 年,美国发射第一颗名为辛康 2 号(Symcom－2)的同步通信卫星。

1964 年,美国使用辛康 3 号(Symcom－3)同步通信卫星成功地将东京奥运会的电视画面传送到北美地区。辛康 3 号卫星的成功,标志着卫星通信和卫星广播时代的开始。在 70 年代,通信卫星进入实用阶段,并开始在世界各地广为使用。

我国的卫星广播电视事业起步于 20 世纪 70 年代。从 1982 年开始,我国通过国际通信卫星和欧洲的“交响乐”卫星等,进行电视传输试验。

1984 年 4 月 8 日,我国成功发射第一颗试验通信卫星东方红 1 号,定点于 125°E,并使用该卫星对新疆、西藏等边远地区进行电视广播信号的试播,使这些地区可以看到当天的中央电视台节目,从而结束了这些地区长期靠传送录像带转播中央台节目的历史。东方红 1 号的发射成功,标志着我国业已进入卫星广播的时代。

1985 年 8 月 1 日,我国开始租用 57°E 的国际通信卫星 IS－V 的一个东半球波束转发器转播 CCTV－1 节目,同时国务院还向 16 个“老、少、边”地区赠送了 53 套卫星电视收转站作为推广。1986 年,改租 66°E 的国际通信卫星转播中央电视台的第一套和第二套节目,国内很多从事卫星接收的工程技术人员都是从这个时期开始接触到卫星广播的。

1986 年,我国成功发射东方红 2 号实用通信卫星,定点于 103°E,并使用此颗卫星进行中央人民广播电台 15 路广播节目的卫星传输业务。

1988 年 4 月,我国成功发射第一颗实用通信卫星中星 1 号,定点于 87.5°E。中星 1 号发射成功之后就用于常年转播中央电视台第一套和第二套节目,同时分别轮流转播云南、贵州、新疆三省区和四川、西藏两省区的电视节目。1988 年 12 月,中星 2 号实用通信卫星发射成功,定点于 110.5°E。中星 2 号用于转播中央教育电视台的两套节目,同时传送中央人民广播电台和国际台的 30 路广播信号。1988 年对于我国的卫星广播事业来说具有十分重大的意义。

20 世纪 90 年代,中国卫星广播电视事业进入快速稳步发展时期。1992 年,中国卫星通信广播公司购买了一颗名为“Spacenet－1”的在轨卫星,并将它漂移至 115.5°E,重新命名为中星 5 号,从 1993 年 7 月 16 日开始接替寿命终止的中星1号卫星。在90年代，我们还先后租用了多颗卫星的若干个转发器，用来转播各个省级电视台的节目。

1995年11月，中央电视台开始采用数字压缩加扰方式，在一个卫星转发器内传送其第五、第六、第七和第八套节目，从此我国进入数字卫星广播的时代，这与技术发达国家在时间上是基本同步的。中央电视台引进美国通用仪器公司的技术设备，采用名为Digicipher－1的数字压缩技术。1996年5月，中央电视台改而采用Digicipher－2的方式，传送五套电视节目，进一步提高了节目的质量。

1997年，河南、广东等省级电视台率先采用欧洲广播联盟(EBU)的DVB－S方式进行数字卫星广播，其后各个省级电视台均采用此种方式。1999年该方式被确定为我国的国家标准GB/T17700－1999(《卫星数字电视广播信道编码和调制标准》)。

2008年，我国发射直播卫星中星9号，为了更适应我国卫星直播系统开展和相关企业产业化发展的需要，该直播卫星系统中采用了我国自行研制的中国直播卫星专用信号传输系统——先进卫星广播系统(ABS－S)。

1.1.2　卫星广播发展趋势

目前我国主要采用中星6A和中星6B卫星传输广播电视节目，同时利用中星9号以自主卫星传输标准开展“村村通”直播卫星工程并向“户户通”延伸。我国卫星电视广播将沿下述方向发展：

(1)进一步扩大卫星传输容量和覆盖区域；

(2)大力发展高清晰度电视和立体电视；

(3)开展Ka广播业务频段的技术研究；

(4)加大直播卫星应用与产业化。

而全球卫星广播业务的发展趋势有如下特点：

(1)业务上，正从标准清晰度电视转向高清晰度电视，节目数量显著提高；

(2)技术上，更多国家采用DVB－S2标准代替DVB－S标准，压缩编码由MPEG－2转向MPEG－4，采用频谱效率更高的传输方式；

(3)频率上,从传统的S、C、Ku频段转向Ka频段的应用,目前Ka频段已从试验阶段步入应用。

1.2　数字卫星广播

随着卫星广播事业的迅猛发展,特别是数字技术的采用,卫星广播已全面进入数字时代,目前我国已关闭模拟卫星广播频道。

1.2.1　数字卫星广播的优点

与模拟卫星广播相比,数字卫星广播的主要优点如下:

(1)传输容量大。按照目前的技术水平来说,采用数字压缩和数字传输技术之后,在卫星广播系统中每个电视频道的带宽大约在7MHz左右。通常一颗卫星上装备有24个C波段转发器,每个转发器的带宽为36MHz,因此使用一个卫星转发器可以传输5套电视节目,一颗卫星可以传送上百套电视节目;对于转发器数量更多、转发器带宽更宽的大容量卫星,一颗卫星可传送超过200套节目。

(2)经济效益好。租用一个卫星转发器传送多套电视节目,降低了运营成本,在经济上对各个电视台是很合算的;而架设一副天线就可以接收几十套乃至上百套电视节目,显然对各个有线电视台也很有吸引力,因此数字卫星电视广播的发展速度之快,大大地超出了人们的想象。

(3)节目的传输质量高。由于数字传输方式本身的特点,数字信号可以通过再生而消除噪声和干扰的影响,并且可以通过差错控制技术提高可靠性。另一方面,模拟电视广播受到彩色电视制式的限制,电视接收机的水平清晰度只能达到300线左右,而采用数字卫星广播后,在理论上卫星接收机输出的图像质量可达到标准清晰度和高清晰度电视水平,也就是说接收质量可达到数字演播室水平。

(4)所需的发射功率小。模拟卫星广播的接收质量使用图像质量等级来衡量,为了保证传送的图像质量达到4级以上,卫星接收系统的载噪比一般要大于17dB,因此卫星上行站的发射功率通常在数百瓦至数千瓦的范围内;而数字卫星广播的接收质量则是用误码率衡量的，只要误码率小于某特定数值，接收质量就令人满意。为了达到这样的误码率，所需的信号载噪比是比较小的，通常卫星上行站的发射功率在数十瓦的数量级就足够了。

(5)能提供多路多声道的优质音频信号。目前音频信号的压缩是包含在视频压缩技术之内的，数字化的音频信号和数字化的视频信号都被打成统一格式的数据包，因此提供多路多声道的优质音频信号对于数字卫星广播来说轻而易举，接收端音频信号的质量可以达到 CD 级的水平。

(6)能提供多种服务。与音频信号类似，各种数据信息也打成一定格式的数据包，与视频信号一起传送，在接收端使用 RS232 接口与计算机连接，就可以享受到多种服务，如图文电视、股票信息、电子报纸等。

(7)便于实行节目的有条件接收。有条件接收就是采用一定的加扰措施，确保满足一定条件的用户才能收看到输送的节目，付费电视业务就是一种有条件接收。显而易见，采用数字信号之后加扰就成为非常容易的事情了。

1.2.2　单路单载波与多路单载波

在数字卫星广播系统中根据节目复用情况，传输多路节目有单路单载波和多路单载波两种方式。

单路单载波方式的英文缩写为 SCPC(Single Channel per Carrier)，它表示每个载波只传送一路电视节目。SCPC 方式适用于多路节目共用转发器但从不同地点上行的情况，即每路信号对各自的载波调制、多路信号在射频上频分复用，我国省级卫视节目传输属于这种情况。单路节目上行的传输符号率较低，每载波占用的频带较窄，通常不超过 7MHz，但为了避免各路载波频谱之间的干扰，各路载波信号间需留有保护频带；同时，转发器多载波工作，输出功率需对饱和工作点回退 3～4dB，以避免转发器饱和引起的交调干扰、互调干扰等非线性失真。

多路单载波方式的英文缩写为 MCPC (Multi－Channel per Carrier)，它表示每个载波可传送多路电视节目，多路数字节目信号在调制前时分复用然后对载波调制。MCPC 方式适用传送从同一地点上行的多路节目情况，我国的中央电视台节目传输以及“村村通”“户户通”等平台节目传输均属于这种情况。由于多路节目复用后的符号率较高，与单路节目信号相比，MCPC方式占用的频带比较宽，但由于转发器单载波工作，可以充分利用转发器功率，工作在接近饱和的工作点。

1.2.3　卫星直接广播与卫星直播到户

卫星广播是以一般公众直接接收为目标，由卫星发射或转播广播电视信号的无线通信业务。卫星广播有以下两种业务：

直接广播业务(DBS)：它使用卫星广播业务(BSS)频段，此业务频段的卫星称为广播卫星或直播卫星。直播卫星的另一个特点是采用大功率转发器，其等效全向功率可高达60dBW，个体用户使用0.5m口径左右的天线就可以接收多套优质的电视节目。

直接到户业务(DTH)：它是在固定卫星业务(FSS)中的电视分配业务发展起来的，使用此业务频段的卫星是通信卫星。

开展上述两种业务的卫星都是静止卫星，公众都可以通过卫星电视接收终端收听收看这两种卫星广播的广播电视节目。

1.3　卫星广播使用的频率

频率是一种宝贵的资源，为了保证各种通信和广播业务的正常进行，充分地利用频谱资源，国际电信联盟(ITU)定期召开世界无线电大会(WRC)来规定并协调频率资源的使用。在频率分配计划中，将全世界分成三个区域：

第一区：欧洲、非洲、前苏联的亚洲部分以及蒙古；

第二区：南美洲、北美洲；

第三区：亚洲大部分地区(第一区包括的国家除外)和大洋洲。

我国处于第三区。在这三个区内频率资源被分配给各类卫星业务，而同一业务在不同的区域内所分配的频率可能不同。卫星业务类型包括固定卫星业务(FSS)、广播卫星业务(BSS)、移动卫星业务(MSS)、导航卫星业务(NSS)等。

1.3.1　无线电频段

电磁波的频谱见表1—1。人们习惯上把电流产生的电磁波称为无线电波，无线电波的波长范围为$3.3\times10^{-4}\sim10^{7}$m，频率范围为$3\sim10^{9}$Hz。无线电波可以按波长划分，称为波段，也可以按频率来划分，称为频段。按照波长的不同，实际使用的无线电波可以分为长波、中波、短波、超短波等，而高于300MHz的无线电波称为微波，包括分米波、厘米波、毫米波和亚毫米波。对于微波频段的划分和命名，国内外有很多种方法，表1—2给出了雷达和制导技术领域划分微波频段的方法及频段名称：

表1—1　电磁波频谱

波段名称		波长范围	频段名称	频率范围
γ射线		≤1Å *	—	—
X射线		100~0.01Å	—	—
紫外线		4000~50Å	—	—
可见光		7600~4000Å	—	—
红外线		0.76~300μm	—	—
无线电波	亚毫米波	1~0.1mm	至高频	300~3000GHz
	毫米波	10~1mm	极高频EHF	30~300GHz
	厘米波	10~1cm	超高频SHF	3~30GHz
	分米波	10~1dm	特高频UHF	300~3000MHz
	米波	10~1m	甚高频VHF	30~300MHz
	短波SW	100~10m	高频HF	3~30MHz
	中波MW	1000~100m	中频MF	300~3000kHz
	长波LW	10~1km	低频LF	30~300kHz
	甚长波	100~10km	甚低频VLF	3~30kHz
	特长波	1000~100km	特低频ULF	300~3000Hz
	超长波	104~103km	超低频	30~300Hz
	极长波	105~104km	极低频	3~30Hz

表1—2　用字母命名的微波频

频段名称	L	S	C	X	Ku	K	Ka	Q
频段范围(GHz)	1~2	2~4	4~8	8~12	12~18	18~26.5	26.5~40	33~50
频段名称	U	V	E	W	F	G	R	
频段范围(GHz)	40~60	50~75	60~90	75~110	90~140	140~220	220~325	

1.3.2　卫星广播业务频段划分

WRC—1977 规划中，BSS 可使用的频段有 L、S、Ku、Ka、Q 和 E 频段，其中 Q、E 频段为预留给未来 BSS 专用，另外四个频段为 BSS 与其他业务共用，Ku 频段为 BSS 优先使用。在 BSS 频段内又进行了频道划分，500MHz 带宽内划分 24 个频道、800MHz 带宽内划分 40 个频道，相邻频道载波间隔为 19.18MHz。

WRC—2000 对第一、三区 BSS 进行了重新规划，关于第三区的主要频率划分参数有：下行频率 11.7～12.2GHz，上行两个频段为 17.3～17.8GHz 和 14.5～14.8GHz，转发器带宽 27MHz，接收天线极化方式为圆极化，频道数、频道安排与频道间隔为每个国家 1 个波束、12 个频道、使用 500MHz 连续频段，频道安排方式如图 1—2 所示。我国获得的卫星广播业务轨位/频率资源如下：4 个轨道位置(东经 62°、92.2°、122°和 134°)、8 个下行波束、8 个上行波束、96 个频道。表 1—3 给出了卫星广播业务的国际频率划分。

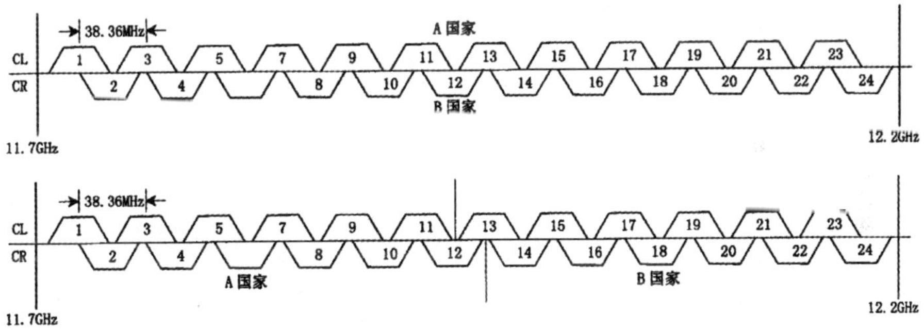

图 1—2　频道安排方式(首选上图方式，指配困难时可选下图方式)

表 1—3　卫星广播业务国际频率划分

频段	频率范围	带宽(MHz)	业务	说明
L	1452～1492MHz	40	BSS(声音)	全球划分，目前仅能使用 1467～1492MHz，共 25MHz
S	2520～2670MH	150	BSS	1 和 3 区
	2605～2630MH	25	NGSOBSS	韩国、日本
	2535～2655MH	120	BSS(声音)	日本、韩国、印度、巴基斯坦、泰国

续表

频段	频率范围	带宽(MHz)	业务	说明
Ku	11.7～12.2GHz	500	BSS 频段规划	3 区：主要为亚太地区国家
	11.7～12.5GHz	800	BSS 频段规划	1 区：主要为欧洲和非洲国家
	12.2～12.7GHz	500	BSS 频段规划	2 区：美洲国家
	12.5～12.75GHz	250	BSS	3 区，功率通量密度≤－111dBW/m2(27MHz)
Ka	17.3～17.8GHz	500	BSS	2007 年 4 月 1 日后可启用，2 区
	21.4～22GHz	600	BSS	2007 年 4 月 1 日后可启用，1/3 区
	40.5～42.5GHz	2000	BSS	全球划分
	74～76GHz	2000	BSS	全球划分

1.4 卫星广播系统的组成

卫星广播系统由卫星上行地球站、通信(广播)卫星和卫星接收系统组成。另外，为了保证系统正常通信与广播，还需要跟踪遥测及指令和监控管理分系统起保障作用。下面简要介绍上行地球站和卫星接收站的组成和功能，通信广播卫星的组成将在 2.3 节中介绍。

1.4.1 卫星上行地球站

一个卫星上行地球站由发送、天线、接收、监控、电源等几个子系统组成，它担负着把节目中心传送来的信号发送到通信(广播)卫星的任务，同时还要随时监测卫星的下行信号的质量；有些上行地球站还承担着对卫星进行遥测、跟踪和遥控的任务。为了突出重点，此处仅仅讨论卫星上行地球站中的发送子系统。

图 1－3 是一个比较典型的数字卫星上行地球站发送系统的组成框图。在这个卫星上行地球站内为了保证可靠性，采用了双机备份的工作方式，一路为主机，另一路为副机，主副机之间是可以自动切换的，一旦主机发生了故障，就自动切换到副机上，从而保证工作的不间断性。

图中显示的输入信号有两路，也就是说这个数字卫星上行地球站采用的是 MCPC 工作方式。若采用 SCPC 工作方式，将图中的另一路信源编码器略去就可以了。

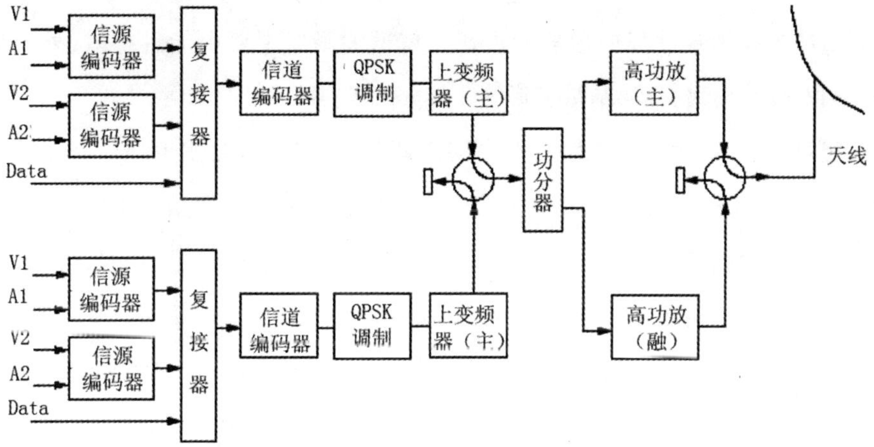

图 1—3 数字卫星上行地球站发送系统框图

数字卫星广播的输入信号有三个：音频信号（A）、视频信号（V）、数据信号（Data）。模拟的音频信号和视频信号先送入信源编码器，生成经过压缩的数字信号。信源压缩编码的标准称为 MPEG－2，该标准是由国际上的“运动图像专家组”制订的，目前得到了广泛应用，如在数字卫星广播、高清晰度电视、数字电视、DVD 等领域。信源编码器的作用是对经过采样和量化后形成的数字信号进行压缩，未经压缩的数字信号由于数据量太大，因此是不能传输的，难以储存的，如 PAL－D 制视频信号经过采样和量化之后，数据量超过 200Mbps。

信源编码器输出的是压缩后的数字信号，称为传输流（Transport Stream），其中视频信息和音频信息都被打成一定格式的数据包，每个数据包的长度都是 188 字节，其中包括一个同步字节。数据信号也要按照这个格式打包。

复接器将音频数据包、视频数据包和数据数据包按一定规律组合在一起，形成一个整体的数据信号。显然，由于视频信号的信息量最多，因此视频数据包的数目也就最多，而数据数据包的数量则最少。采用 MCPC 方式时，多路音频/视频信号形成的数据包也是混合在一起的。

复接器的输出送入信道编码器。数字信号在传输过程中一定会受到各种噪声的干扰，因此容易出现误码。当误码率大于一定的数值之后，数字接收机就不能正常地进行工作了。由于传输信道中出现的噪声干扰是不可避免的，因此就要想办法对误码进行纠正。在信道编码器中采用纠错编码方式,其目的就是尽量减少在传输过程中形成的误码。信道编码器主要由能量扩散、外码编码、卷积交织、内码编码、基带成形等几部分组成。

经过信道编码之后,信号进入 QPSK 调制器。目前,数字卫星广播主要采用 QPSK 调制方式,主要原因在于 QPSK 调制特别适合于弱信号的场合,也就是说,在输入的载噪比比较低的情况下,能够获得比较高的接收质量。由于卫星信号的传输距离在 40000km 左右,通常地面的场强在 15～30dB(V/m)的范围之内,显然信号是相当弱的,在这样的信号强度条件下,采用 QPSK 调制方式能够得到满足质量要求的信噪比。上行站中的调制属于中频调制,一般的中频频率为 70MHz。

中频信号直接送入上变频器,上变频器输出的频率就是卫星的上行频率,C 波段卫星的上行频率约为 6GHz,而 Ku 波段卫星的上行频率约为 14GHz 或 17GHz。

上变频器输出的信号经过切换之后送入高功率放大器,以便获得足够的功率,数字卫星地球站的输出功率一般不超过 100W。高功率放大器往往采用速调管放大器,速调管也是一种微波电子管,它有两个或两个以上的谐振腔,它的工作是利用电子的渡越时间,并采用速度调制的方式来完成的。高功率放大器也有备份,其输出大功率射频信号通过天线发送到位于同步轨道的通信(广播)卫星上去。

卫星上行地球站的天线都是大口径天线,直径在 6m～20m 的范围内。天线的形式大多为双反射面天线,有些采用卡赛格伦天线,有些采用格里高利天线,采用后者的好处是收发可以共用一副天线,而无需使用双工器。

1.4.2 卫星接收系统

卫星接收系统分为两种类型,一种为集体接收系统,用于有线电视系统之内;另一种为个体卫星接收系统,两者的主要差别在于是否使用功分器。

(1)集体卫星接收系统

集体卫星接收系统又称卫星接收站,它由卫星接收天线、高频头、第一中频电缆、功分器和卫星接收机等几部分组成，有时还包括线路放大器。图 1－4 为一个典型的集体卫星接收系统的组成框图，它包括了水平极化和垂直极化两个部分，这两部分的结构是完全一样的。在接收圆极化波时，接收系统的组成也是这样的，只是将水平换成右旋，垂直换成左旋就可以了。

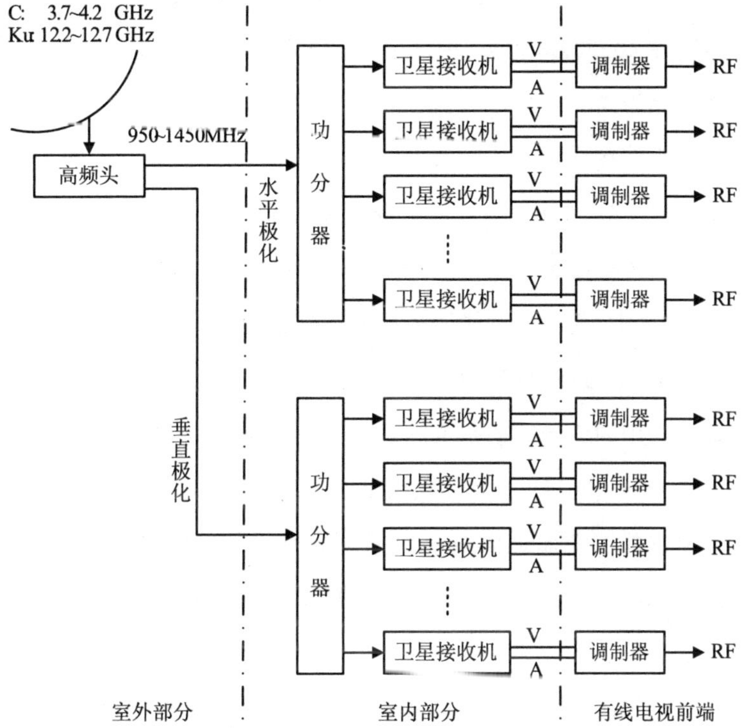

图 1－4　集体卫星接收系统框图

卫星接收系统可以分成室外和室内两部分：室外部分包括卫星接收天线、高频头、第一中频电缆，有时还设有线路放大器；室内部分包括功分器、模拟卫星接收机和数字卫星接收机。作为集体接收系统来说，卫星接收机的输出就是有线电视的信号源，所以它直接与射频调制器连接；在个体接收时，卫星接收机则直接与用户的电视机相连接。

卫星接收天线将广播卫星传送的电磁波接收下来，然后送入高频头。C 波段的卫星下行频率是 3700～4200MHz，带宽为 500MHz，其内采用了频率复用技术可以安排 24 个卫星转发器，有 12 个水平极化（或右旋极化）转发器和 12

个垂直极化(或左旋极化)转发器,每个转发器的带宽是36MHz。Ku波段的情况不很统一,转发器的数量和转发器的频带宽度也不大一样。例如亚洲四号卫星上设有4个Ku频段BSS业务转发器、带宽33MHz、圆极化,24个Ku频段FSS业务转发器、线极化、其中33MHz带宽的6个,54MHz带宽的18个。

高频头的作用有两个:一是低噪声放大,二是下变频。由于卫星到地面接收地点的距离在40000km左右,因此卫星天线输出的信号是十分微弱的,故高频头一定要有相当高的增益,同时为了保证接收的质量,高频头内部产生的噪声一定得非常小。在高频头的内部设有低噪声放大器(LNA),它产生的噪声很小,同时又具备足够高的增益,从而兼顾低噪声和高增益两方面的要求。信号从室外传输到室内要使用电缆,由于电缆对高频信号的衰减是很大的,同时频率越高,衰减就越大,为了尽可能地减少电缆对信号的衰减,要把信号频率降下来,经过下变频的信号在卫星接收系统中称为第一中频信号。目前绝大多数卫星接收机的第一中频信号的频率范围是950～1450MHz或是950～1750MHz,带宽为500MHz或800MHz,以分别满足C波段和Ku波段转发器的需求。第一中频的频率选择要考虑地面电视广播的影响,因此其下限频率通常选择在900MHz以上,对于我国来说,地面电视广播的上限频率为958MHz,因此我国的卫星接收系统的技术标准选定的卫星接收机的第一中频为970～1470MHz。

第一中频电缆的作用是将卫星信号从室外传送到室内,同时卫星接收机给高频头提供18V的直流电源电压也是通过第一中频电缆传送的。通常第一中频电缆的长度不超过50m,若卫星天线和前端的距离确实比较远,为了弥补电缆的衰减,可以在电缆的中部安装线路放大器。线路放大器也是依靠电缆来供电的。

为了能够同时接收广播卫星上各个转发器的节目,卫星天线应该能输出两种极化方式的信号,然后分别使用两个高频头对信号进行放大和下变频处理,于是室内和室外之间需要两条第一中频电缆进行连接。

作为集体接收系统来说,要同时接收各个频道的信号,因此需要多台卫星接收机,每台卫星接收机接收一套节目,故在室内部分必须要设置功率分配器,简称功分器。功分器的作用是将一路信号平均分为若干路,以便给各卫星接收机提供信号，同时它还要保证各卫星接收机之间互相不干扰。

卫星接收机输入的是第一中频信号，输出的是音频信号和视频信号，同时还有数据信号。在卫星接收机内部一般都装有射频调制器，可以直接输出射频信号，于是可以将监测用的电视机直接与卫星接收机相连接。卫星接收机的数据输出端是与计算机相连接的。不同的数字卫星广播制式要使用与之相对应的数字卫星接收机。

(2)个体卫星接收系统

个体卫星接收系统(含直播卫星接收系统)由卫星接收大线、高频头和卫星接收机组成，如图 1－5 所示。

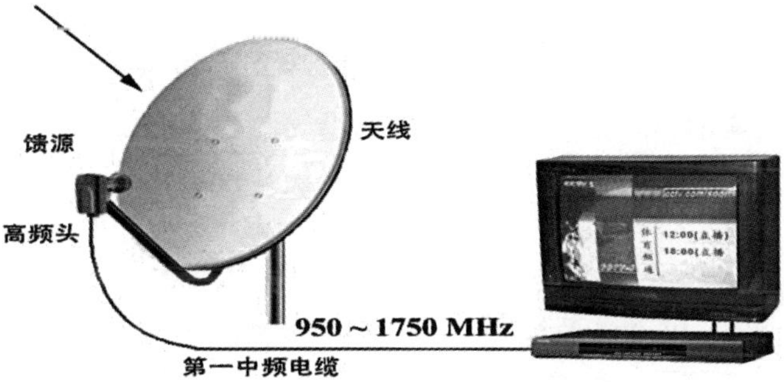

图 1－5　个体卫星接收系统

本章小结

1945 年英国人克拉克提出利用静止卫星实现全球通信的设想:向赤道上空 35786.62km 高的同步轨道上发射静止卫星，用它作为太空中继站，这样的中继站波束可覆盖约 1/3 的地球表面。如果在静止轨道上发射三颗间隔各为 120 度的卫星，那么除了高纬地区以外，几乎可以实现全球通信。

随着卫星广播事业的迅猛发展，特别是数字技术的采用，卫星广播已全面进入了数字时代。卫星广播系统由卫星上行地球站、通信(广播)卫星、卫星接收系统和遥测遥控跟踪站组成。利用卫星进行电视广播或节目传输，必须根据具体采用的卫星业务，按照 ITU 制定的国际频率划分规则，确定所使用的卫星频段。

经过30多年的发展，卫星广播已经成为一种用于覆盖全国的主要广播方式。目前我国采用国内通信卫星传输广播电视节目，同时利用直播卫星以自主卫星传输标准开展“村村通”直播卫星工程，并向“户户通”延伸。

延伸阅读

本书着重对卫星广播技术进行系统介绍，详细阐述了静止卫星、卫星天线、卫星接收系统、卫星链路设计、数字卫星广播系统的信道编码和调制技术等内容。对于其他卫星通信系统及其相关技术等内容，可深入阅读以下书籍的相关章节：

- 郭庆等编著：《卫星通信系统》第10章“卫星通信多址技术”、第11章“卫星星座设计”、第12章“卫星网络技术”、第13章“卫星通信业务”。
- Timothy Pratt 等著：《卫星通信》第9章“VSAT 系统”、第10章“低轨道一部地球卫星系统”、第12章“卫星导航和全球定位系统”。
- Dennis Roddy 著：《卫星通信》第17章“移动卫星与专用业务”。

思考与练习

1. 简述利用静止卫星实现全球通信的概念。
2. 数字卫星广播有哪些优点？
3. 什么是MCPC？什么是SCPC？
4. 卫星广播业务可以使用哪些频段？
5. 简述卫星广播/通信系统的组成。

参考文献

1. 车晴、张文杰、王京玲：《数字卫星广播与微波传输技术》，中国广播电视出版社2003年版。
2. 马炬、扬明、于新、施育海：《我国新一代卫星广播系统——先进卫星广播系统(ABS－S)》，《广播与电视技术》，2007年第5期。

3. 朱云怡、江澄:《卫星广播电视业务应用现状和发展趋势》,《卫星与网络》,2010 年 7 月,总第 96 期。

4. 朱云怡等:《第一、三区卫星广播重新规划(上)》,《广播与电视技术》,2000 年第 9 期。

5. 朱云怡等:《第一、三区卫星广播重新规划(下)》,《广播与电视技术》,2000 年第 10 期。

6. 李宗谦等编著:《微波工程基础》,清华大学出版社 2004 年版。

7. 郭庆、王振永、顾学迈编著:《卫星通信系统》,电子工业出版社 2010 年版。

8. 〔美〕普拉特(Pratt,T.)等著,甘良才等译:《卫星通信》,电子工业出版社 2005 年版。

9. 〔美〕Denni Roddy 著,郑宝玉等译:《卫星通信》(第 4 版),机械工业出版社 2011 年版。

第2章 静止卫星

■ **本章要点：**

1. 日凌和卫星蚀
2. 广播卫星组成
3. 广播卫星的电参数

本章主要讨论静止卫星的一些基本概念，其中包括：静止卫星轨道、日凌与卫星蚀、广播卫星、广播卫星的电参数、电波传播等问题。

2.1 静止卫星轨道

静止卫星是指在与赤道倾角为0°的圆形轨道上运行且运行速度与地球自转同步的卫星。地球自转一周的准确时间为23小时56分4.0905秒。从地面上看，静止卫星在天空中应该是固定不动的，因此它又被称为静止卫星。

静止卫星作为通信广播卫星具有如下优点：

(1)接收天线容易对准卫星，天线的跟踪系统比较简单；

(2)卫星的位置固定，因此不存在多普勒频移现象；

(3)服务区域比较大，一颗静止卫星大概可以覆盖地球表面的42%；

(4)广播信道大部分处于真空之中，因此工作相对稳定，信号质量高。

当前，卫星广播系统中都采用静止卫星。

2.1.1　静止卫星轨道

根据力学理论，人造地球卫星围绕地球的旋转运动可以看作是“两体问题”，其运动规律服从开普勒定律，具体表述如下：

(1)卫星沿椭圆轨道绕地球运动，地球位于椭圆的一个焦点上；

(2)卫星的矢径(地球中心至卫星中心的矢量)在相等的时间内扫过的面积相等；

(3)卫星绕地球运动周期的平方与椭圆轨道半长轴的立方成正比；

开普勒第三定律的数学表达式为：

$$T^2 = \frac{4\pi^2}{GM_E}a^3 \tag{2-1}$$

其中，T 为卫星的周期，a 为椭圆轨道的半长轴，G 为引力恒量，它是与物体性质无关的普遍常数，M_E 为地球质量。

根据对称的要求，静止卫星的轨道应该是一个圆形轨道，式中的椭圆半长轴应改为圆的半径 R_S；引力恒量与地球质量的乘积又称为地球引力常数，其数值为：

$$GM_E = 3.98603 \times 10^{14} m^3/s^2 \tag{2-2}$$

由式(2－1)可以解出静止卫星轨道的半径 R_S：

$$R_S = \left(\frac{T\sqrt{GM_E}}{2\pi}\right)^{2/3} \tag{2-3}$$

将地球的自转周期 $T=86164\text{s}$ 带入上式，便可得到静止卫星的轨道半径数值：

$$R_S = 42164\text{km} \tag{2-4}$$

地球的半径为：

$$R_E = 6378\text{km} \tag{2-5}$$

故静止卫星的高度为：

$$h = R_S - R_E = 35786\text{km} \tag{2-6}$$

静止卫星轨道的示意图见图2－1，其中卫星的偏航轴(Yaw)指向地心，滚动轴(Roll)指向卫星前进方向，俯仰轴(Pitch)则垂直于卫星轨道平面。

由于静止卫星是赤道轨道卫星，卫星位置的纬度为0°，因此表明一颗静止

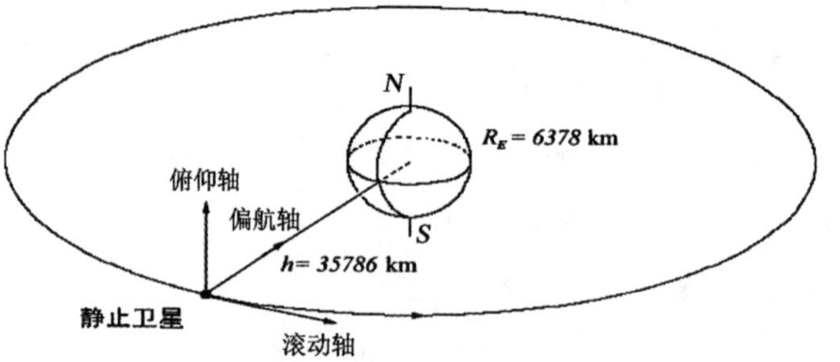

图 2—1　静止卫星轨道

卫星的位置仅使用经度就可以了。例如,110°E 表明卫星位于东经 110°E 的赤道正上方,而56.6°W则表明卫星的位置在西经 56.6°的赤道正上方。

2.1.2　静止卫星的摄动

由于受到各种因素的影响,实际的静止卫星相对地面来说并不是绝对静止不动的,而是在其指定位置附近作小幅度的飘动,应该说绝对静止是一种理想的情况。静止卫星偏离理想静止轨道的现象称为摄动,太阳的引力是摄动产生的主要原因。

在分析静止卫星轨道的过程中,为了突出问题的主要方面,简化计算,采用了“两体问题”的物理模型,而未考虑太阳引力的影响。太阳的质量为地球质量的 33 万多倍,所以虽然太阳距地球 1.5 亿公里之遥,太阳的引力还是不能被完全忽略的。根据万有引力定律,太阳对静止卫星的引力大约为地球对该卫星引力的 1/37,因此太阳引力的影响还是比较明显的。太阳的引力使同步卫星的轨道平面偏离地球的赤道平面,卫星轨道平面的倾角会发生缓慢的积累性的变化,倾角的平均年变化率为 0.85°。若不加以校正,在 26.6 年间,卫星轨道平面的倾角会从 0°增加至 14°4′;再过 26.6 年,倾角又变成 0°;然后继续周而复始地这样变化。从地面上看,太阳引力引起的同步卫星的摄动现象是卫星沿南北方向上缓慢地飘动。

为了保证卫星广播的连续性,必须对卫星的摄动加以校正,使卫星位置的误差始终保持在允许的范围之内。目前,静止卫星位置误差范围的典型数值在 0.25°左右。

2.1.3　卫星轨道平面倾斜后产生的影响

理想的静止卫星的运行轨道为同步轨道，从地面上看其位置是固定不动的，但由于前面所述的太阳引力、月球引力等外界因素的影响，再加上在卫星发射过程中不可避免的一些偏差，卫星轨道平面会产生一定的倾斜，从而导致卫星和地球之间存在一定的相对运动。只要这种相对运动不超出允许的范围，广播卫星工作状态就算是正常的。

图 2—2 为倾斜轨道卫星的日漂移轨迹的理论计算曲线，其中倾斜卫星在纬度方向上的偏差为 $\Delta\xi$，而在经度方向上的偏差为 $\Delta\varphi$。从图中可以清楚地看出，对于静止卫星来说，倾斜轨道卫星的日漂移轨迹大体上为一个“8”字形，轨道的倾角越大，卫星位置的漂移幅度就越大，反之亦然。由轨道倾斜引起的卫星漂移，主要表现在南北方向上，而在东西方向上，卫星的漂移幅度相对来说是很小的。

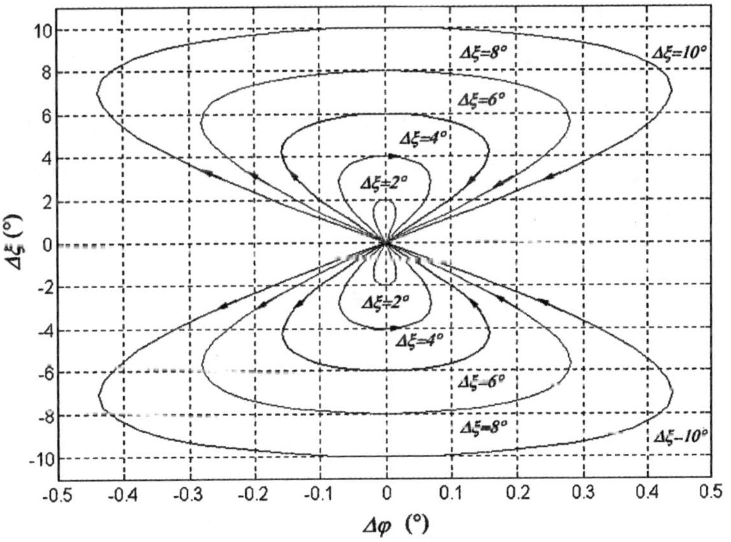

图 2—2　倾斜轨道卫星的日漂移轨迹曲线

轨道倾角的存在引起卫星的漂移，从而影响卫星广播的稳定性，同时卫星接收天线的口径越大，其方向图就越尖锐，因此卫星漂移的影响就越大。由于上述原因，大口径的卫星接收天线应该具备自动跟踪能力，以减小卫星漂移对卫星广播的影响。

2.1.4 分析静止卫星问题使用的坐标系

为了分析与静止卫星有关的问题，人们通常采用地平坐标。

地平坐标的基圈（地平圈）就是观测点所在的地平面，人们所见的日月星辰都位于地平圈以上。地平圈的一极为天顶，就是观测点的正上方。为了便于分析，将直角坐标系引入地平坐标，z'轴指向天顶，它垂直于地平面，x'轴和y'轴位于地平面上，x'轴指向观测点的正南方向，y'轴指向观测点的正东方向。

静止卫星为赤道轨道卫星，其轨道平面位于赤道面上，故分析卫星的几何关系时往往也会采用赤道坐标。

赤道坐标的基圈（赤道圈）就是赤道平面。赤道圈的两极是地球自转轴向南北两个方向无限延伸与天球的两个交点，一极为天北极，另一极为天南极。在现代，地球的自转轴（地轴）基本上是指向北极星的，实际上地轴与北极星相差1°左右。由于地球沿地轴自转，所以在地面上看天空上的其他日月星辰均沿地轴自东向西旋转，并且旋转轨迹构成的平面均与赤道平面平行。为了便于分析，将直角坐标系引入赤道坐标，z轴指向天北极，它垂直于赤道平面，xy面构成了赤道面，取赤道圈与地平圈的交线为y轴。地平坐标和赤道坐标之间的关系见图2－3。

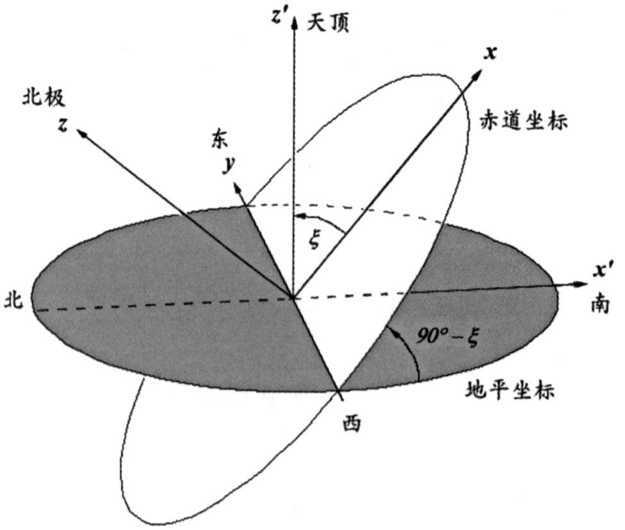

图2－3 地平坐标和赤道坐标的关系图

在本书中，观测点或接收点的纬度统一记为 ξ，而经度则记为 φ。赤道平面与地平面的夹角为观测点的余纬（$90°-\xi$），当观测点位于赤道时，赤道平面与地平面重合。根据矢量代数的运算，地平坐标与赤道坐标之间基矢的变换关系为：

$$\begin{bmatrix} \hat{x} \\ \hat{y} \\ \hat{z} \end{bmatrix} = \begin{bmatrix} \sin\xi & 0 & \cos\xi \\ 0 & 1 & 0 \\ -\cos\xi & 0 & \sin\xi \end{bmatrix} \begin{bmatrix} \hat{x}' \\ \hat{y}' \\ \hat{z}' \end{bmatrix} \tag{2-7}$$

上式中的变换矩阵是正交的，其逆矩阵与其转置矩阵相等。

2.2　日凌与卫星蚀

日凌和卫星蚀都是由于地球、太阳和卫星三者成为一条直线而产生的。在发生日凌和卫星蚀时，卫星广播和卫星通信都会受到一定的影响。

2.2.1　日凌

日凌的名称来自天文学，意为内行星（水星或金星）运行到太阳和地球的中间，地球上的观测者有时可看到太阳上出现了小黑圆点的现象，如水星凌日、金星凌日等。当静止广播卫星在接收地点天球上的位置恰好与太阳的位置重合时，就产生了“卫星凌日”现象，亦称日凌。在发生日凌时，卫星接收天线、卫星和太阳三者成了一条直线，见图 2－4。由于卫星接收天线对准了太阳，而太阳本身又是一个巨大的无线电干扰源，太阳的噪声能使地面接收的卫星信号受严重干扰甚至完全中断，这种现象也称为日凌中断。

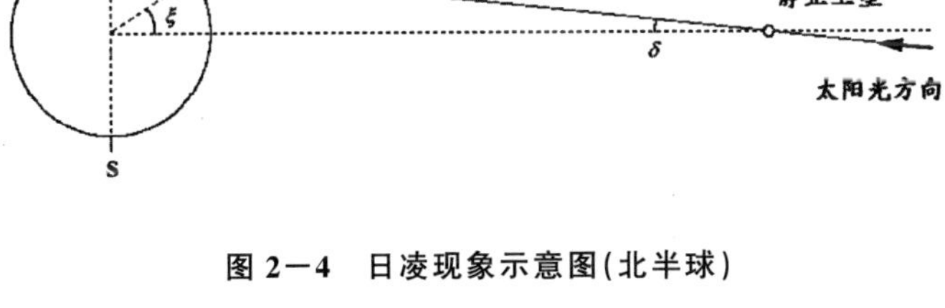

图 2－4　日凌现象示意图(北半球)

(1)日凌发生的日期和时间

讨论日凌现象产生的影响时应关注三个问题：日凌发生的日期；日凌发生的中心时间；日凌的持续时间。

日凌现象在上半年和下半年分别出现六七天，具体日期主要由接收点的纬度来确定。在赤道上，日凌发生在春分（每年的 3 月 21 日）和秋分（每年的 9 月 23 日）的时候；在北半球，日凌发生在春分之前及秋分之后；在南半球，日凌发生在春分之后及秋分之前。

当卫星接收天线的波束中心对准日轮的圆心时，称为日凌发生的中心时间，此刻日凌的影响最为严重。当日轮运行到图 2－5 中“b”位置时，就是日凌中心时间。

日凌发生的持续时间由日轮直径和接收天线的半功率角确定。日轮的视直径约为 32′，当日轮的左边缘靠近卫星接收天线的波束中心时，就开始出现日凌；而当日轮离开接收天线波束中心时，日凌就结束了。另外，日凌的持续时间还与接收天线的半功率角有关，接收天线的口径越大，其半功率角就越小，因此日凌持续的时间也就比较短；反之，接收天线的口径越小，日凌持续的时间就较长。

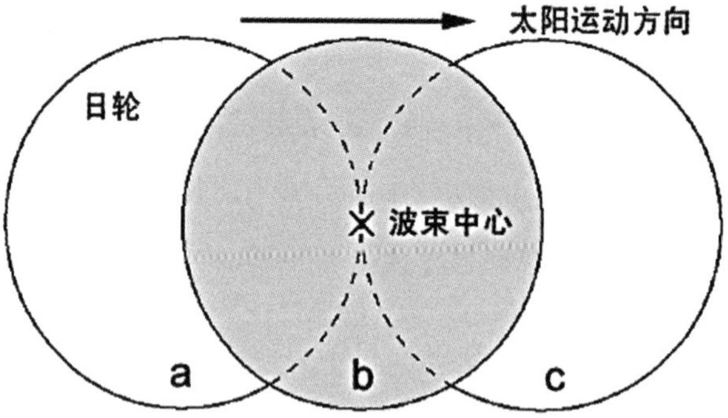

图 2－5　日凌与日轮的关系

(2)日凌的预测

日凌预测的依据是，太阳的方向矢量与卫星的方向矢量平行。在赤道坐标系中，太阳的具体位置是由赤纬 δ 和时角 τ 来表示的，见图 2－6。在一年之内，太阳的赤纬随日期变化，其数值等于当天太阳直射点的地理纬度；夏至时 $\delta=23^\circ 26'$；春分和秋分时 $\delta=0^\circ$；冬至时 $\delta=-23^\circ 26'$。太阳时角的变化周期为一天，它实际上反映了地球的自转现象。

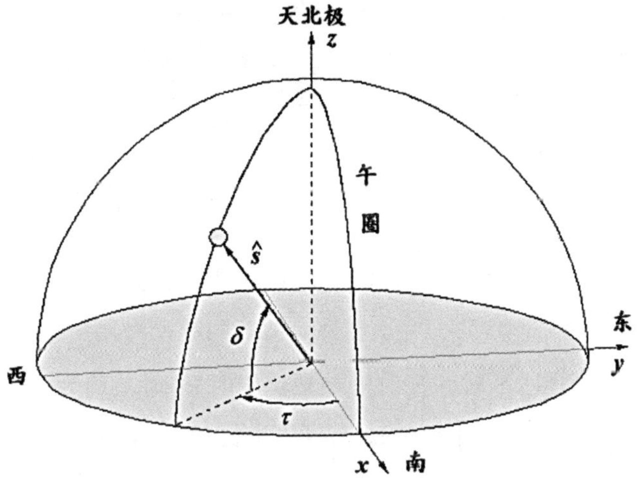

图 2-6　赤道坐标系中太阳的位置

在日凌发生的中心时间，太阳的赤纬和时角与接收地点的关系可以表示为

$$\sin\delta = -\frac{\sin\xi}{R} \tag{2-8}$$

$$\sin\tau = \frac{a\sin\varphi}{R\cos\delta} \tag{2-9}$$

接收地点与卫星间的归一化距离 R，同步卫星轨道的相对半径 a 和相对经度 φ（接收点经度 φ_R 与卫星经度 φ_S 之差）由下式给出：

$$\begin{cases} R = \sqrt{a^2+1-2a\cdot\cos\xi\cos\varphi} \\ a = R_S/(R_S+R_E) = 6.6108 \\ \quad\quad \varphi = \varphi_R - \varphi_S \end{cases} \tag{2-10}$$

根据地球的公转运动规律，太阳的赤纬 δ 与黄经 λ 的对应关系为：

$$\sin\lambda = \sin\delta/\sin(23^\circ 26') \tag{2-11}$$

式(2-8)是日凌发生的基本条件，由该式先求出太阳的赤纬，然后由式(2-11)求出太阳的黄经，于是可以推算出日凌发生的日期；接着由式可求出日凌发生的具体时间，需要说明的是，在计算日凌时间的过程中，必须考虑到视太阳时和平太阳时之间的时差问题。

在北京(39.9°N,116.5°E)接收134°E,110.5°E和100.5°E位置三颗卫星,根据上述的公式计算出日凌发生时的太阳赤纬、黄经和时角,其结果见表2—1。

表2—1 北京发生日凌的条件

卫星位置	太阳赤纬	太阳黄经	太阳时角	接收天线仰角	接收天线方位角
134.0°E	−6.2°	342.2°/195.8°	−19.7°	40.4°	—26.2°
110.5°E	−6.3°	342.1°/195.9°	6.8°	43.4°	9.3°
100.5°E	−6.2°	342.2°/195.8°	18.1°	41.0°	24.1°

3月5日的黄经为344.2°,而10月9日的黄经为195.8°,这个计算结果表明,在北京日凌每年发生两次,一次在惊蛰前后的数天内,另一次在寒露前后的数天内。在惊蛰前后,平时和视时的差别比较明显,时差约为10分钟左右,即平时超前视时10分钟。时差的具体数值可以根据有关书籍中的时差曲线求出。

根据计算,以上三颗卫星日凌发生的中心时间分别为:11:06,12:52,13:37。

图2—7和图2—8为在全国范围内接收亚洲5号卫星和亚太6号卫星时,对日凌发生日期和中心时间的预测,可供各卫星地球站和卫星接收系统参考。

2.2.2 卫星蚀

卫星蚀与月食类似,当静止卫星进入地球的阴影区域之后,卫星见不到太阳光,就发生卫星蚀。

由于静止卫星上使用的电源主要依靠太阳能电池板,在发生卫星蚀期间,太阳能电池不能提供电能,卫星只能依赖蓄电池或燃料电池等备用电源来提供电能。以前,卫星蚀对卫星广播的影响是很严重的,因为太阳能电池不工作,卫星广播只能中断,每年的春分和秋分前后的各23天,都会发生卫星蚀,也就是说一年内,卫星广播在总共约92天的时间内会中断,而在春分和秋分的当天,中断的时间可长达72分钟。现在广播卫星上的备用电源有了相当大的改进,在发生卫星蚀期间,可以保证卫星的正常工作,因此近年来人们不大关心卫星蚀的问题了，但是卫星蚀本身依然存在。

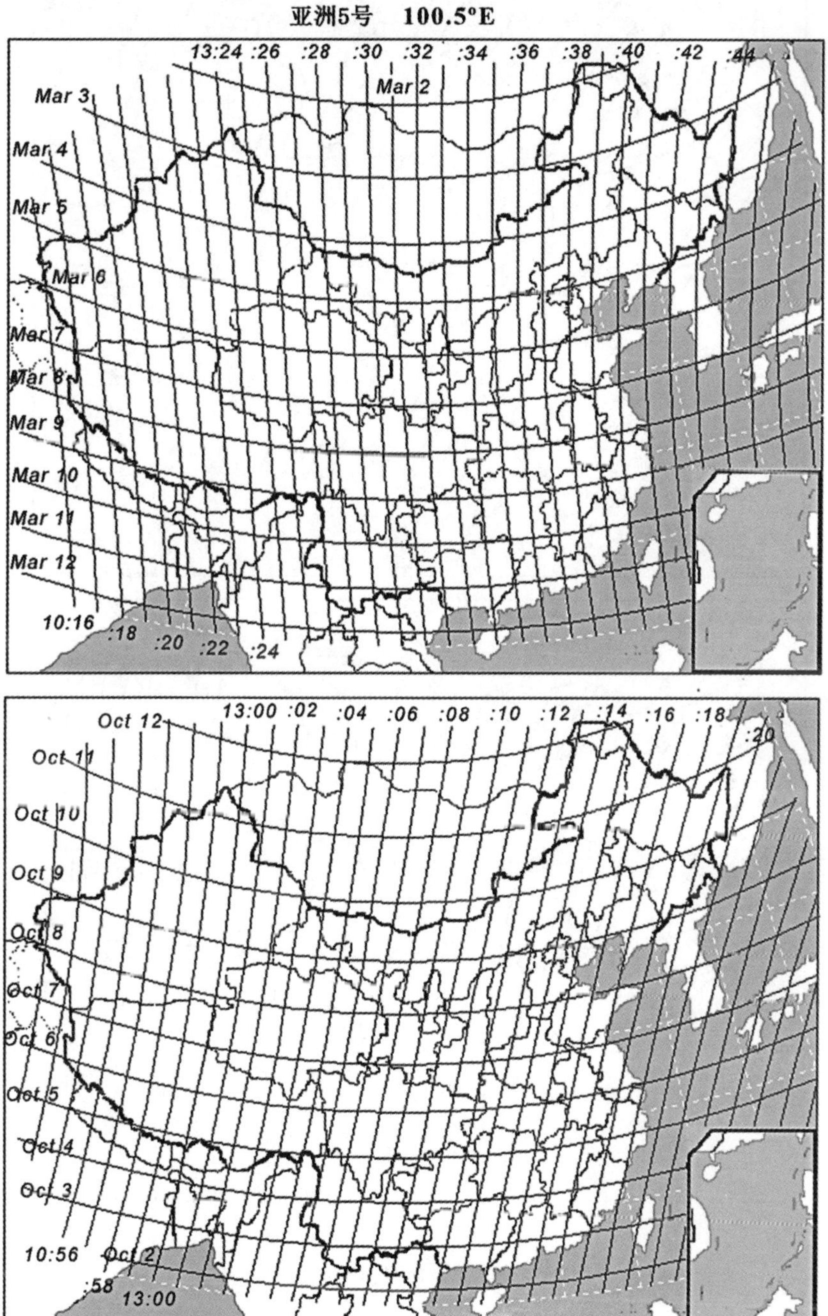

图 2—7　亚洲 5 号卫星日凌发生时间的预测

亚太6号 134°E

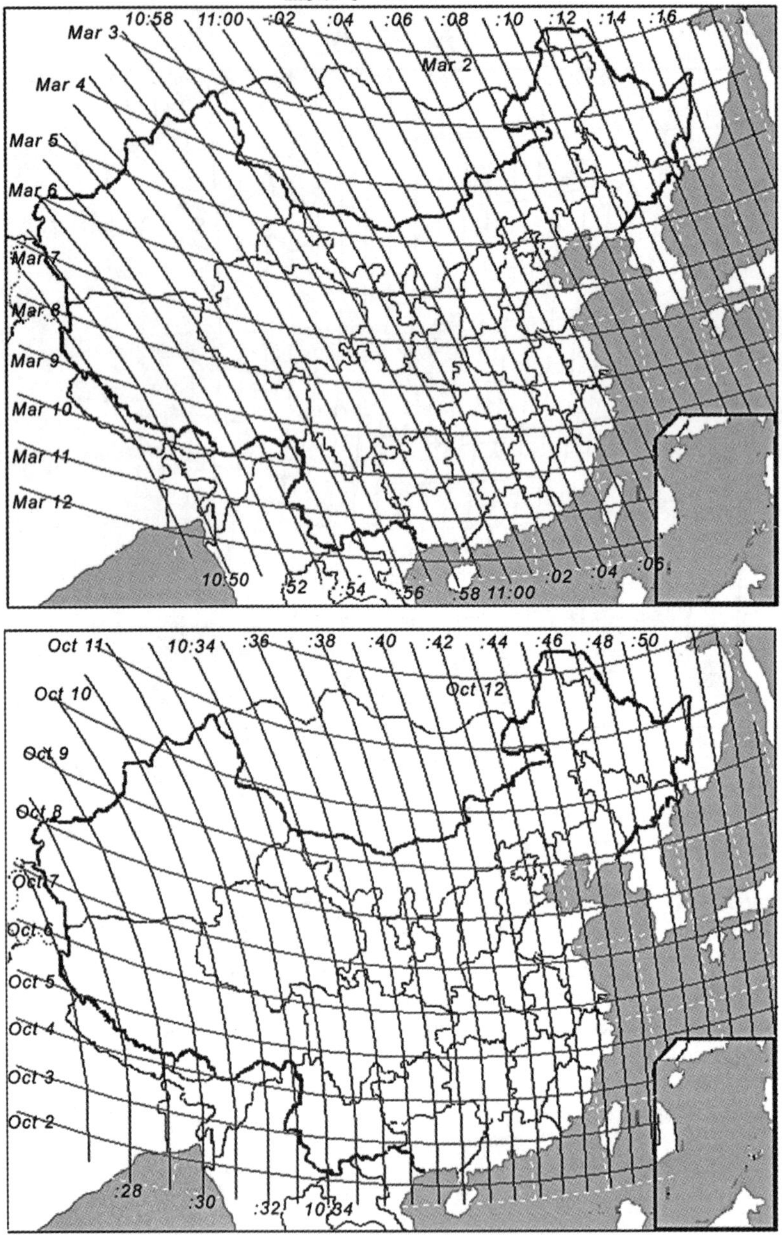

图 2－8　亚太 6 号卫星日凌发生时间的预测

2.3　广播卫星

目前使用的静止卫星有通信卫星、广播卫星、海事卫星、数据中继卫星这几种，其中广播卫星与通信卫星的差别很小，很多卫星广播业务都是租用通信卫星。广播卫星与通信卫星的主要区别在于两点：(1)工作波段，广播卫星应该工作在国际电信联盟分配给广播卫星业务的波段内；(2)等效全向辐射功率，与通信卫星相比，广播卫星的等效全向辐射功率要大一些，对于直播卫星，这点显得更为重要。

世界上著名卫星制造厂家有马丁(MARTIN)公司、劳拉(LORAL)公司、休斯(HUGHES)公司、法国宇航等几家，均可提供用于广播业务的大功率、大容量、长寿命的卫星平台。当前我国也具备了制造通信卫星、广播卫星的能力。

一般来说，通信广播卫星可以分为五个子系统：(1)天线子系统；(2)广播子系统；(3)电源子系统；(4)跟踪遥测指令子系统；(5)姿态控制子系统。各个子系统分工明确，各司其职。

2.3.1　天线子系统

一颗卫星上的天线有若干副，分别作为转播和控制之用。从事卫星转播的天线往往是收发共用的，所以在天线子系统中包含了双工器。根据不同的用途，卫星上的天线可以分为全球波束天线、半球波束天线、点波束天线、赋性波束天线等几种。

全球波束天线用于覆盖同步广播卫星能够覆盖的全部区域，它一般由喇叭天线加上一个金属反射平面构成，波束的中心对准星下点，星下点位于赤道上，其经度与卫星的经度相同。全球波束天线的半功率角约为17°，它可以覆盖地球表面42.19%的区域。

点波束天线与全球波束天线不同，它的半功率角很小，一般在几度的范围之内，主要用于覆盖地球表面一个小范围的特定区域。点波束天线一般采用偏馈天线的形式，反射面为旋转抛物面的一部分，为了保证足够小的半功率角，反射面的口径是比较大的。

赋性波束天线是近年来普遍使用的卫星广播天线的形式。采用赋性波束天线可以将辐射能量集中在卫星广播的服务区域之内,减少对其他区域的干扰,具有比较好的电磁兼容特性。同时采用赋性波束天线,还可以减小卫星之间的间隔,从而在同步轨道之上可以放置更多的广播卫星和通信卫星。赋性波束天线通常是由几个馈源和一个反射面组成,每个馈源发出的电磁波经反射面反射之后基本上相当于一个点波束天线,而不同馈源的辐射方向有所不同,同时每个馈源的辐射功率及馈电相位也不一定相等,因此赋性波束天线可以看作是一个天线阵。根据天线综合的方法,可以将天线的覆盖区域设计成为所需的形状。通常,赋性波束天线的反射面的曲率半径都比较大,也就是说反射面比较平,这样有利于在不同的位置放置馈源。

双工器是一种微波波导器件,主体是金属波导,它具备滤波、阻抗匹配、分波、功率合成等功能。卫星上的接收机和发射机往往要共同使用一副天线,为了保证收发共用,卫星天线要连接到双工器上。双工器首先要保证收发之间互不干扰,还要保证阻抗匹配,同时其接入损耗也要小。

2.3.2 广播子系统

广播子系统简单地说就是微波差转机,输入信号频率为6/14GHz,输出的信号频率为4/12GHz。在当代的大容量、大功率的广播卫星中普遍使用一次变频型的转发器。一次变频型又称为单变频型(RF/RF),它的框图如图2－9所示。

一次变频型转发器由低噪声放大器、混频器、本机振荡、激励放大器、分波器、行波管放大器、多工器组成。需要说明的是,广播卫星的转发器是没有模拟方式和数字方式之分的,因为数字信号经过调制之后,就变成了模拟信号,所以广播卫星转发器处理的都是模拟信号。

低噪声放大器的特点是低噪声,高增益。整个卫星转发器的载噪比是由低噪声放大器决定的。为了尽可能地减少噪声,低噪声放大器通常采用隧道二极管、砷化镓场效应管、高电子迁移率晶体管作为放大器件,合理地选定工作点,使得噪声小,并且工作稳定。由于从地面到卫星的距离在40000km左右,因此

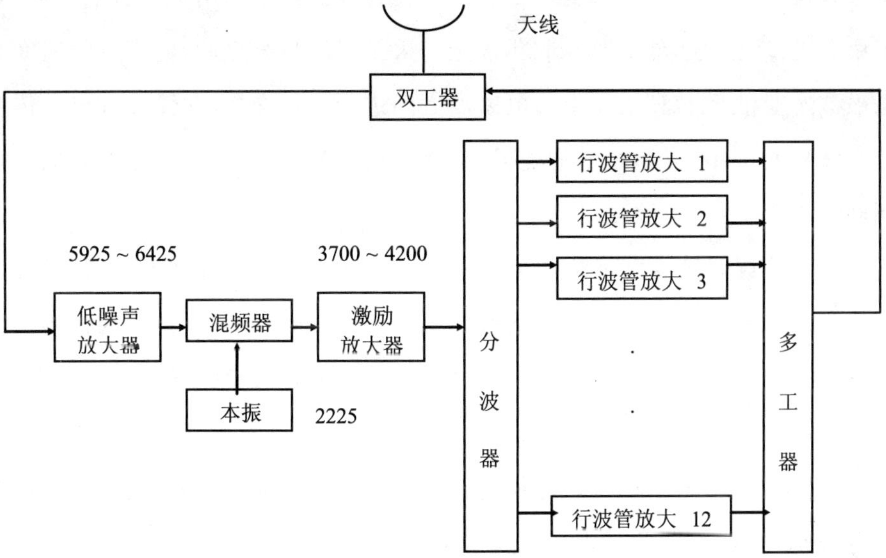

图 2—9　C 波段一次变频型转发器框图

传送到卫星处的信号是很微弱的，所以低噪声放大器还必须要有足够的增益，才能保证转发器的正常工作。通常低噪声放大器是由多级放大电路组成的。

本机振荡和混频的作用是对上行的信号进行下变频。以 C 波段卫星为例，卫星地球站发射的信号频率是 5925～6425MHz，而广播卫星的下行信号频率是 3700～4200MHz，因此标准的本机振荡频率是 2225MHz，这属于低本振类型，因为输入频率高于本振频率。

分波器的功能是将各个频道的信号分别输出到相应的行波管放大器中去，它主要由频道滤波器组成。每个频道的带宽是 36MHz，通过带通滤波器将各频道的信号区分开。

多工器的作用是将 12 个频道的大功率信号混合在一起，然后经过双工器输送至天线。显然，多工器的接入损耗要小，同时各输入端口之间要有足够的隔离，以保证各个行波管放大器互不干扰。

行波管放大器属于功率放大器，当代的广播卫星每个频道的输出功率通常在数十瓦至数百瓦的范围之内。行波管是一种微波电子管，它由电子枪、慢波结构和收集极等部分组成。慢波系统是一种特殊形式的同轴传输线，内部有螺旋线和梳形结构，它用来降低电磁波的相位速度。电子枪用来发射电子束，电子束穿过慢波系统，然后打在收集极上。采用慢波系统之后，电子束的速度与电磁波速度相近，以便电子束与电磁波之间进行能量交换，在慢波系统中传输的微波从电子束中获取足够的能量，从而提高微波的幅度，最后在输出端口得到经过放大的射频功率信号。

行波管放大器在饱和工作点附近，输入输出功率具有非线性转移特性，如图 2－10 所示，因此为了减小非线性失真的影响，须对输入功率仔细控制。特别是当行波管放大器进行多载波操作时，将会造成较严重的交调和互调失真，为减小相应的非线性失真，放大器工作点必须退至接近功率转移特性的线性区域，这时输入、输出功率相对于饱和工作点的下降值分别称为输入补偿（或输入回退）和输出补偿（输出回退），回退值通常用分贝值表示，且输入回退大于输出回退，如图 2－11 所示。

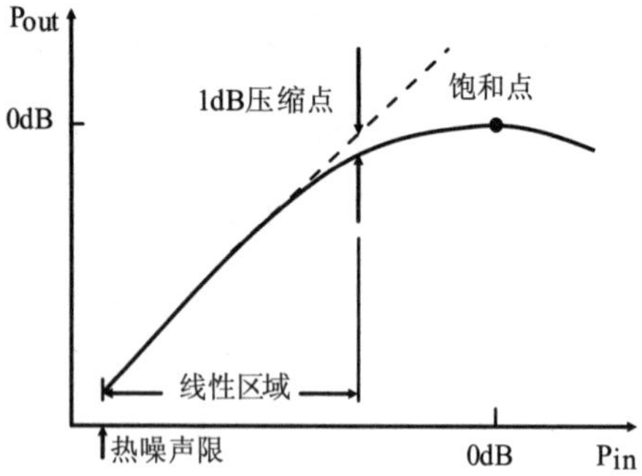

图 2－10　行波管放大器的功率转移特性

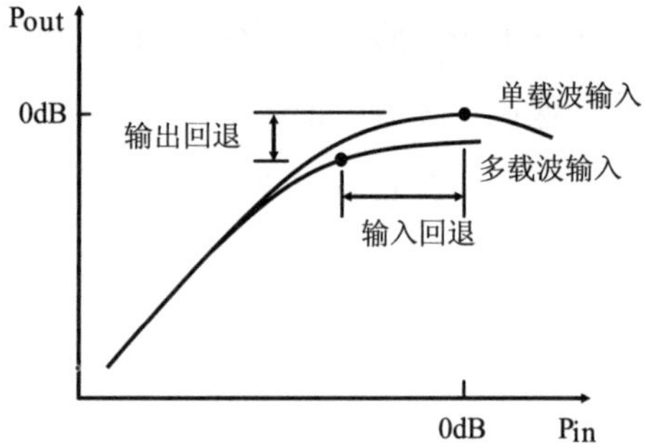

图 2－11　多载波工作回退关系

2.3.3　电源子系统

现代大容量的广播卫星使用的电源功率是相当大的，典型的数值在 2kW～7kW 之间，耗电最大的器件就是行波管放大器，一个行波管放大器的输出功率可达 100W 左右，若行波管的效率按 40％计算，则这样 24 个功率放大器就需要 6000W 的电源功率。为了卫星的正常工作，卫星的电源系统必须能够长时期稳定地输出足够的电源功率。通常电源子系统是由太阳能电池帆板、蓄电池和电源控制部分组成。电源子系统应该具有体积小、重量轻、效率高、容量大、寿命长、可靠性高等特点。

从广播卫星的外形来看,太阳能电池是十分显眼的,每颗卫星均装备有两块巨大的太阳能电池帆板。卫星的能源主要依靠太阳能。太阳能电池由多个硅太阳能电池片组成。太阳能电池的换能效率理论上可达25%,但实际上不超过16%,典型的数值是10%~12%之间。由于太阳能电池的输出电压不是很稳定,它与许多因素有关,例如太阳光的入射方向,因此在其输出端要安装稳压装置,然后才能作为广播卫星的电源使用。

蓄电池也是电源子系统中的一个重要组成部分,在发生卫星蚀的时候,卫星进入了地球的阴影区域,太阳能电池帆板不工作,广播卫星的电源就只能依靠蓄电池了。以前,由于蓄电池的输出功率不够,在卫星蚀期间,卫星广播就只能中断,这样在一年之内大约有三个月的时间,卫星广播要受到卫星蚀的影响。在20世纪90年代以来,由于蓄电池技术的完善,输出的功率已经可以满足广播卫星的需要了,因此卫星蚀现象对卫星广播就没有什么影响了。在广播卫星上广泛使用的蓄电池有镍镉(Ni-Cd)蓄电池、镍氢(Ni-H)蓄电池等几种类型。镍镉蓄电池的特点是充电效率高、耐过充电和耐过放电的性能好,同时对环境的污染也比较小。镍氢蓄电池的主要特点是输出功率大,目前大容量的广播卫星通常采用镍氢蓄电池,它在一小时左右的时间内可以提供数千瓦的电能,因此完全可以在卫星蚀期间保证卫星广播的正常进行。平常,太阳能电池输出的电源功率大部分提供给卫星上的各种设备使用,小部分用于给蓄电池充电。当卫星进入地球的阴影区后,卫星就依靠蓄电池来提供电源。

电源控制部分用来对太阳能电池和蓄电池进行控制,并且还要保证输出电压的稳定。

2.3.4 跟踪遥测指令子系统(TTC系统)

为了保证广播卫星在静止轨道长期保持正常稳定地运转,必须随时清楚地了解卫星的轨道位置、姿态和工作状态,并且根据情况及时地发出适当的遥控指令,通过卫星上的相应机构来调整卫星的状态,以实现对卫星进行实时跟踪和遥测。卫星上的跟踪设备与地面上的遥控站配合完成测距、测速、测角以及角度跟踪等任务。

测距信号由地面上的遥控站发出，通常采用调频或调相方式。在卫星上装有供转发测距信号的应答机。卫星应答机接收到测距信号之后，经过处理和放大，然后再转发回地面。由于应答机发出的信号比较稳定，大大地提高了测距的精度。

测速是根据多普勒效应实现的。由于多普勒频率跟两物体的相对速度成正比，因此当测定了多普勒频率之后，就能够准确地确定两物体之间的相对速度。卫星上装有信标发生器，它发出用于确定频率的信标信号，地面上的遥控站接收到信标信号之后，通过测定其频率，就能计算出卫星的运行速度。为了确保测量的精度，卫星的信标信号频率必须有很高的频率稳定度。

进行角度跟踪和测角的依据也是卫星发出的信标信号，它引导地面的遥控站的天线准确地指向卫星，以实现对卫星的跟踪，并进行角度测量。

卫星上的遥测设备的任务是将各种被测信号收集起来，经过适当的处理后，再对载波信号进行调制，放大之后经天线发回地面。卫星上被测信号有电压、电流、温度、压力、加速度、姿态等，这些参数由相应的传感器采集起来，然后全部转换成为电信号，进一步进行模数转换，形成数据信号，地面上的遥控站接收到这些信号之后，就可以了解卫星系统内部的工作状态。

2.3.5 姿态控制子系统

广播卫星经过发射、变轨、漂移、定点等过程才能够定点在同步轨道预定的位置上，这个过程是相当复杂的，难免使卫星产生一些姿态方面的误差。另外定点成功之后，卫星本身也会受到来自各方面的扰动因素的影响，例如太阳、月球对卫星的引力作用会使卫星轨道平面的倾角及轨道运行周期发生变化，另外地球引力场的不均匀性、地球磁场的变化、太阳光对卫星产生的辐射压力等因素均会改变卫星的姿态。因此为了确保卫星姿态的正确无误，在卫星上一定要设置姿态控制子系统。

卫星的姿态控制一般可以分为自旋稳定和三轴稳定两种方式。

早期的同步卫星均采用自旋稳定的方式。自旋卫星像陀螺一样沿其自转轴线以一定的角速度不停地旋转，在旋转的过程中，自转轴的方向是固定不变的，从而使卫星的姿态保持稳定。自旋卫星的旋转轴是垂直于赤道平面的。由于存在着各种干扰力矩，卫星的自旋速率和自转轴的方向会发生一些变化，卫星的姿态也就随之发生变化。为了使卫星回到正常的姿态，就要使用安装在卫星上的喷气装置和磁性线圈来抵消干扰力矩的影响。自旋稳定方式的优点是：可采用一个完全无源的系统来达到固定的惯性指向，有一定的精度；缺点是：只能控制一个轴向，天线要安装反自旋装置，太阳能电池的利用率比较低。

现代的大容量广播卫星均采用三轴稳定方式，此种稳定方式诞生于20世纪70年代中期，后来得到了广泛的应用。卫星的三轴是指偏航轴（Yaw）、滚动轴（Roll）和俯仰轴（Pitch），见图2－1。偏航轴指向地心，滚动轴代表卫星的前进方向，俯仰轴与地球自转轴平行；偏航轴和滚动轴确定了同步卫星轨道平面（即赤道平面），俯仰轴则代表了该平面的法线方向。在卫星的滚动轴和偏航轴上加上高速旋转的动量飞轮，使卫星在这两个轴向上保持稳定，而对俯仰轴的控制则是由改变动量飞轮的旋转速率，从而对卫星星体产生反作用来完成的。三轴稳定方式的优点是：满足大容量广播卫星对电源的需求。三轴稳定的卫星在发射时，太阳能电池帆板是折叠起来的，在卫星定点之后，太阳能电池帆板打开，并对准太阳。

2.3.6 FS－1300型卫星

FS－1300型卫星是美国劳拉公司（LORAL）的产品，它采用模块化的设计方式，在技术上比较先进。目前已经有若干个FS－1300型卫星在同步轨道上正常运转，如超鸟卫星、泛美卫星、亚太2R卫星等，同时国际卫星通信组织也选择它作为INTELSATVII通信卫星使用。

FS－1300型卫星是采用模块化设计的大容量通信广播卫星，可根据用户的具体要求安装不同的星上设备。卫星的寿命可达10～15年。它采用使用二元推进剂的推进器，以确保卫星顺利地进入同步轨道，同时在卫星的工作期间可以对卫星位置进行调整。FS－1300型为三轴偏置动量稳定卫星，稳定性高。

采用高功率的镍氢蓄电池，输出的电源功率足以保证在卫星蚀期间卫星广播的正常工作。FS－1300型卫星的电源功率为2－7kW，卫星净重1500kg，定点精度在0.1°以内，卫星上装有集中的计算机系统，具有相当强的自动控制能力，同时采用了故障导致安全的操作系统。

图2－12为FS－1300型卫星照片，从照片中可以清楚地看出通信卫星本身、天线系统和两块巨大的太阳能电池板。FS－1300是一颗三轴稳定卫星，其中偏航轴和滚动轴构成了卫星轨道平面，而俯仰轴平行于地球的自转轴。为了便于读者掌握，我们特意在照片中标明了三轴的具体方向。

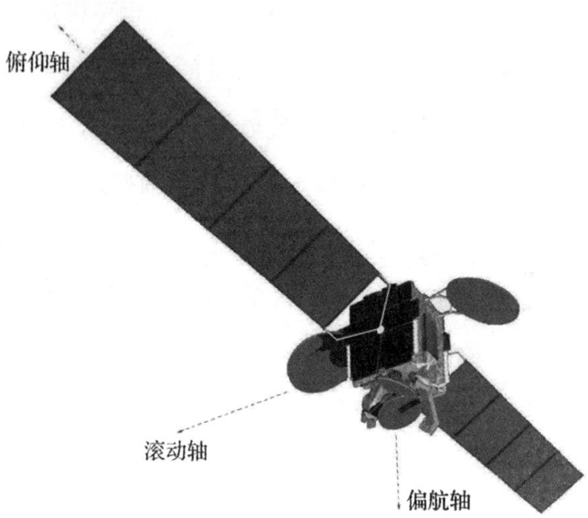

图2－12 FS－1300型卫星照片

2.4 广播卫星的电参数

本节讨论卫星的几项主要电参数，有些一眼就能看懂的电参数，如工作频率范围、转发器带宽、信标频率，行波管输出功率等，就不在此处进行分析了。

2.4.1 等效全向辐射功率(*EIRP*)

等效全向辐射功率是卫星转发器的一项极为重要的参数，它反映了卫星的辐射能力，在进行卫星线路的工程计算时，必须要知道此项参数。等效全向辐

射功率一般记为 $EIRP$，它的定义是：

$$EIRP = 10\lg P_{TWTA}(W) - L_t + G_t \quad (dBW) \qquad (2-12)$$

式中，P_{TWTA} 为行波管放大器的输出功率，单位为 W，其数值通常在 5W～200W 之间；L_t 是行波管至卫星天线之间的功率损耗，单位为 dB，数值为正数。它包括馈线损耗、多工器的接入损耗、双工器的接入损耗等几部分；行波管放大器的输出功率经过各种中间损耗，就成为卫星天线的输入功率；G_t 是卫星天线的增益，单位为 dB。

等效全向辐射功率的单位是 dBW，0dBW 相当于 1W，10dBW 相当于 10W，20dBW 相当于 100W，依此类推。通常，C 波段卫星转发器的等效全向功率在 30～40dBW 范围之内，Ku 波段卫星转发器的等效全向辐射功率在 40～60dBW 的范围之内，而直播卫星的等效全向功率可高达 60dBW 左右。

在式(2－12)的三个参数中，行波管的输出功率和损耗是常数，它不随接收地点改变，而卫星天线的增益不是常数，它随接收地点位置改变，卫星波束中心处的天线增益最高，因此等效全向辐射功率为最大值，可记为 $EIRP_c$。

2.4.2　覆盖图

颗广播卫星的等效全向辐射功率是随着接收地点而改变的，在工程上为了便于使用，通常将卫星的等效全向辐射功率标注在地图上，称为卫星覆盖图。在进行卫星线路工程设计的过程中，覆盖图是很重要的，根据覆盖图能够确定接收地点的等效全向辐射功率，然后才可以进行以后的工程设计工作。

图 2－13 是中星 9 号的波束覆盖图，其中波束中心在我国浙江和广州，$EIRP_c$ 为 58dBW，上海和香港的等效全向辐射功率为 56dBW，北京为 54dBW。

2.4.3　品质因素(G/T)

品质因素是衡量卫星转发器本身质量的一项特性参数，它反映了卫星转发器接收弱信号能力的大小。品质因素又称为系统优值，通常记为 G/T，它的定义是：

$$G/T = G - 10\lg(T_a + T_t) \quad (dB/K) \qquad (2-13)$$

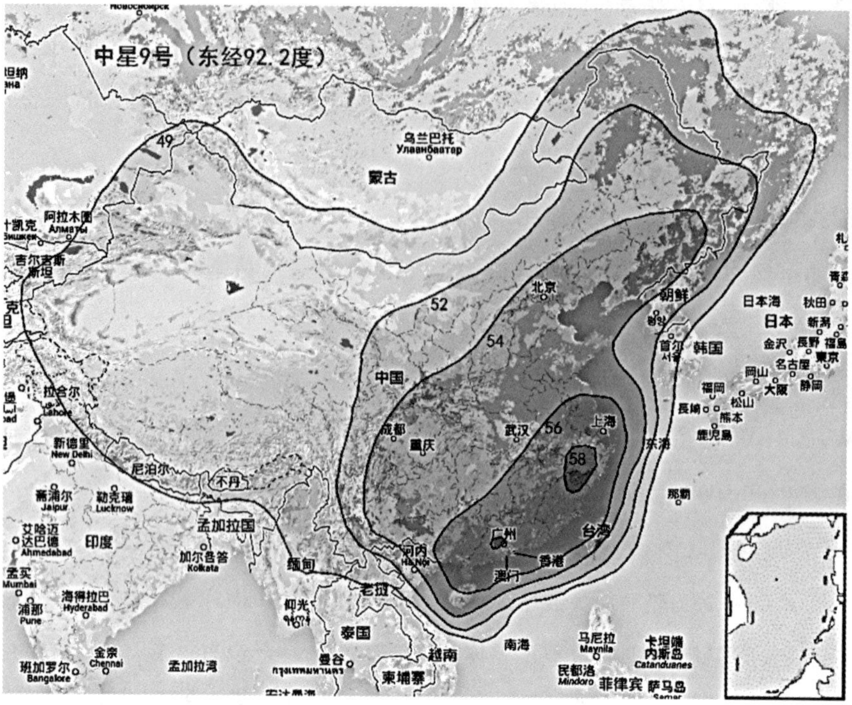

图 2—13　中星 9 号波束覆盖图

式中，G 为卫星星载天线在上行工作频率(6 或 14GHz、17GHz)时的增益，单位为 dB；T_a 为该天线的等效噪声温度；T_t 为卫星转发器的等效噪声温度，噪声温度的单位为 K。

卫星星载天线的方向是对准地球的，地球本身的等效温度就比较高；同时该天线的口径受到限制，因此其增益比较低。综合上述两方面原因，卫星转发器的品质因素是比较低的。C 波段转发器的品质因素的典型数值在－10dB/K 左右，而 Ku 波段转发器的品质因素的典型数值在－5dB/K～10dB/K 之间。

2.4.4　功率通量密度

卫星发射出的电磁波达到地面时的功率通量密度，记为 ψ，单位为 dBW/m²，它反映了卫星信号到达地面时的强度。

$$\psi = EIRP - 20\lg d(m) - 10\lg(4\pi) - \Delta L \qquad (\text{dBW/m}^2) \qquad (2-14)$$

式中，d 为卫星至地面的距离，单位为 m，它可以由(5－22)式计算出；ΔL 为在电波传输过程中由于各种原因产生的附加损耗，如雨致衰减、大气的吸收衰减，等等，单位为 dB。

以北京地区接收中星 9 号卫星转发器为例，计算一下到达地面的功率通量密度。北京的经度为 116.5°E，纬度 40°N，中星 9 号卫星位置在 92.2°E，根据图 2—13 可以查出其等效全向辐射功率为 54dBW，线路的附加损耗按 1dB 计。根据这些数据可以计算出卫星到地面的距离为 3.79853×10^7 m，进一步可以算出地面的功率通量密度为 -109.58dBW/m^2。

2.4.5　地面场强

场强是特指电场强度而言。采用工程上常用的单位后，场强可以表示为：

$$E(dB\mu V/m)=EIRP(dBW)-20\lg d(m)-\Delta L+134.8 \tag{2—15}$$

根据上面的数据，北京地区中星 9 号卫星的地面场强数值为 36.2dBμV/m。

2.4.6　极化和转发器频道配置

极化是卫星广播中一个极为重要的概念，通信广播卫星采用的电波极化方式有圆极化和线极化两种。国际通信卫星和直播卫星通常为圆极化方式，而区域性的通信卫星大多采用线极化方式。电波的极化反映了电场矢量的矢端随时间变化的规律，而天线的极化则反映了该天线辐射或接收的无线电波的极化方式。关于极化的具体解释见本章的下页内容。

在卫星通信和广播中，为了充分利用宝贵的频谱资源，采用频率复用技术，即在同一频带内传送两套不同的信号。在卫星通信和广播中利用两种不同的极化方式来实现频率复用。

在两种线极化波之间存在着“极化隔离”。具体说就是，水平线极化天线接收水平线极化波，而不接收垂直线极化波；反之，垂直线极化天线接收垂直线极化波，而不接收水平线极化波。这样在同一频率范围之内同时使用水平线极化波和垂直线极化波来传送两路信号，两者之间互不干扰。卫星通信中普遍采用线极化方式，其优点是设备相对简单，而缺点是接收天线调整略微复杂一些。

与线极化的情况类似，在两种圆极化波之间也存在极化隔离，故可同时使用右旋圆极化波和左旋圆极化波来传送两路信号。直播卫星广播规定采用圆极化方式，其优点是接收天线调整相对简单，而缺点是设备复杂一些。

图 2－14 是直播星中星 9 号转发器的下行频道设置情况。该星有 22 个 Ku 频段转发器，读者从这个典型的例子中可以清楚地看到频率复用的情况，图中的字母 L 代表左旋圆极化，R 代表右旋圆极化，数字代表转发器的中心频率，转发器的带宽有 54MHz 和 36MHz 两种，36MHz 带宽转发器相邻频道间隔为 20MHz，并且频带低端和高端分别设置了右旋和左旋信标信号。

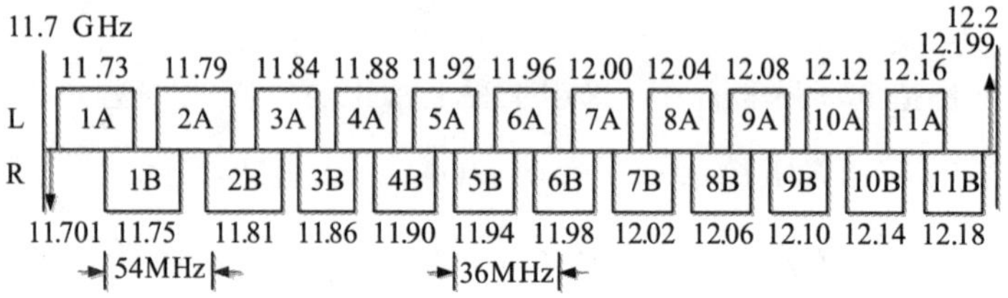

图 2－14 中星 9 号转发器下行频道设置

2.5 卫星广播中的电波传播问题

在卫星广播系统中会出现一些涉及电波传播的问题，诸如：电波的极化、电波的传播损耗、雨衰等等，为了便于读者掌握这些基本概念，本节对上述问题进行简要的论述。

2.5.1 极化

极化是电磁波的一项基本参数，在卫星广播系统中起着重要的作用。概括地讲，极化反映了电场矢量的矢端随时间变化的规律。另外，在天线中也存在着极化的概念，天线的极化反映了该天线辐射或接收的无线电波的极化方式。

(1)极化方式

电波的极化分为三种情况：线极化、圆极化、椭圆极化。

①线极化

当时间变化时，若电场矢量的方向始终平行于某一直线，这样的电波就称为线极化波(线极化)。在正弦电磁场中,线极化波的大小随时间作正弦变化;在前半个周期内,电场矢量的方向指向直线的一端,在后半个周期,电场矢量则指向直线的另一端。简单地说就是,在一个周期内电场的"大小变,方向不变"。

在广播和通信领域大量使用线极化波,发射和接收线极化波的天线就称为线极化天线。线极化又可以根据极化方向分为垂直极化和水平极化两种方式,通常是以地平面为参考面,垂直于地面的线极化称为垂直极化,而平行于地面的线极化则称为水平极化。水平极化普遍应用于短波广播、电视广播、调频广播等领域,而垂直极化则普遍应用于中波广播、移动通信等领域。

在区域性的卫星通信中,普遍采用水平和垂直两种极化方式。与地面通信广播不同,在卫星通信广播中参考平面为地球的赤道平面,平行于赤道平面的线极化称为水平极化,而垂直于水平极化且又垂直于电波传播方向的线极化称为垂直极化。这种定义方式称为赤道线极化。

②圆极化

沿着电波传播的方向看,圆极化波中电场矢量端点的运动轨迹为一个圆。在正弦电磁场中,在一个周期之内,电场的大小不变,而电场矢量的方向随时间旋转一周。任何一个圆极化波均可以分解为两个方向上相互垂直的线极化波,而两者的强度相等,相位相差90°。

与线极化波类似,圆极化波也可以分为左旋圆极化和右旋圆极化两种方式。顺着波的传播方向看去,若电场矢量顺时针旋转,就称为右旋极化波;若电场矢量逆时针旋转,就称为左旋极化波。

圆极化波主要用于洲际间的卫星通信和卫星直播。

③椭圆极化

椭圆极化是最为普遍的极化方式,电场矢量的矢端轨迹是一个椭圆。在一个周期之内,电场的大小和方向都发生变化。线极化和圆极化均可以看作是椭圆极化的特例。当椭圆的长轴与短轴相等时,就是圆极化;而当椭圆的短轴长度为零时,就是线极化。

通常,在广播和通信领域中是不采用椭圆极化波的,但是由于介质的不均匀性,在电波经过反射、散射、折射之后,线极化波或圆极化波可以演变成椭圆极化波。

(2)极化角

极化角(极化偏角)α_p 为接收点地平面与水平极化波电场平面(电波传播方向与电场矢量所确定的平面)之间的夹角;另外,在接收天线的口面上,极化角就是水平极化波电场矢量与水平方向之间的夹角,如图 2－15 所示。垂直极化电场矢量、电波传播方向和水平极化电场矢量三者是相互垂直的,因此在接收天线的口面上,垂直极化电场矢量与垂直方向之间的夹角也是极化角。

图 2－15 中的卫星位于接收点的西面,也就是说接收点的经度大于卫星的经度,在这种情况下,水平极化电场矢量的右端高于其左端(沿着电波传播的方向观察)。显然,当卫星位于接收点的东面时,水平极化电场矢量的右端低于其左端,牢记这个结论对接收天线的调整是至关重要的。

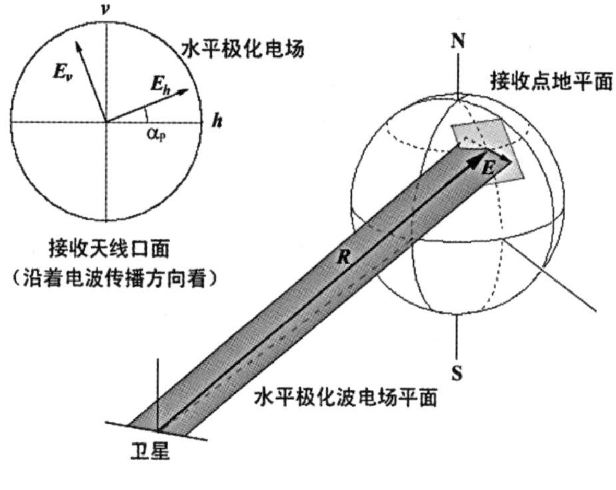

图 2－15　极化角

2.5.2　功率传输公式

在卫星广播的工程设计过程中,一项十分重要的工作就是进行卫星链路的计算,而卫星链路计算的基本出发点就是弗里斯(Friis)功率传输公式。卫星链路见图 2－16,其中,d 为卫星至接收地点的距离。

在自由空间中,接收天线输送给匹配负载的功率 P_r 与发射天线的输入功率

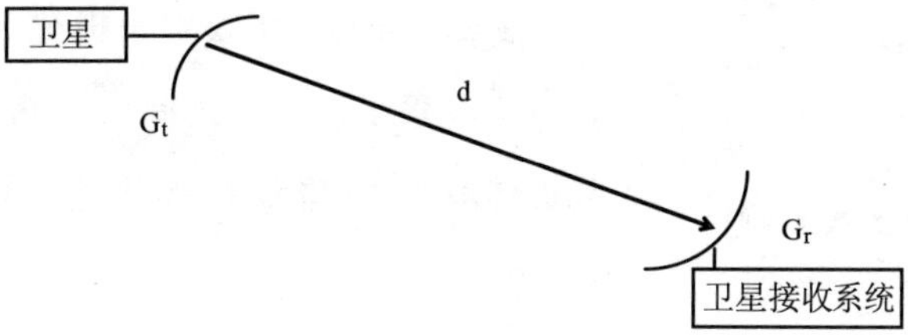

图 2—16　卫星链路的示意图

P_t之间的关系可以用弗里斯功率传输公式来表示：

$$P_r = P_t G_t G_r \left(\frac{\lambda}{4\pi d}\right)^2 \qquad (2-16)$$

式中，G_t 为发射天线的增益，单位为倍；G_r 为接收天线的增益，单位为倍；λ 为工作波长，单位为 m。

在工程上通常使用分贝作单位，于是功率传输公式可以表示为

$$P_r(dBW) = P_t(dBW) + G_t(dB) + G_r(dB) - L_0 \qquad (dB)\ (2-17)$$

式中，L_o 称为自由空间的损耗：

$$L_o = 10\lg\left(\frac{4\pi d}{\lambda}\right)^2 \qquad (\mathrm{dB}) \qquad (2-18)$$

在实际工程问题中，必须考虑到阻抗匹配和极化匹配状态的好坏对天线输入功率的影响。

阻抗失配因子 q 反映了阻抗不匹配时对功率传输产生的影响，它可以用接收天线输入端的电压反射系数 Γ 或电压驻波比 $VSWR$ 来表示。根据传输线理论有，

$$q = 1 - |\Gamma|^2 = 1 - \left|\frac{VSWR - 1}{VSWR + 1}\right|^2 \qquad (2-19)$$

阻抗失配因子的取值范围是 0～1，阻抗完全匹配时，$q=1$。

当发射天线和接收天线均为线极化天线时，极化失配因子为：

$$p = \cos\alpha^2 \qquad (2-20)$$

式中，α 为电波矢量与天线极化方向间的夹角。

当线极化天线的极化方向与电波的极化方向存在一定的夹角时，就会产生极化失配损失，而更为严重的是，在这种情况之下极化隔离受到一定程度的破坏，在卫星广播中会影响频率复用，从而在水平极化和垂直极化之间产生串扰。

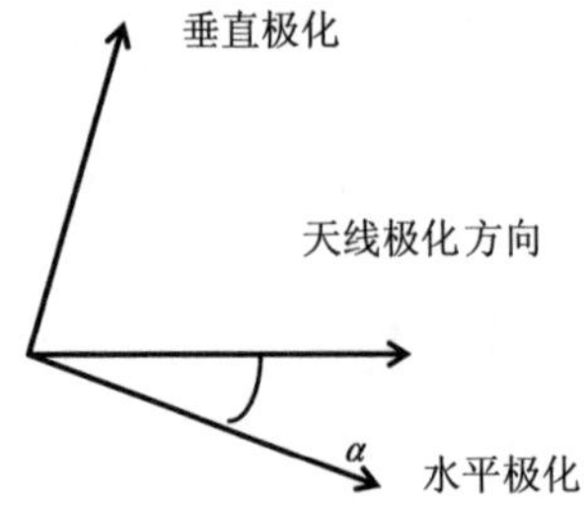

图 2—17 极化失配与极化隔离

例如，当天线接收水平极化波时，天线的极化方向与水平极化波之间的夹角为 10°，这样天线的极化方向与垂直极化波之间的夹角就为 80°，如图 2—17 所示。

根据式（2—20）可以计算出，接收水平极化波时的极化失配损失为 0.13dB，显然问题不大；而该天线还可以同时接收垂直极化波，极化隔离度为 15.2dB，显然在此种情况下两种极化之间会产生串扰，从而影响接收效果。

考虑到阻抗失配因子和极化失配因子以后，功率传输公式为：

$$P_r(dBW) = P_t(dBW) + G_t(dB) + G_r(dB) - L_0(dB) + 10\lg p + 10\lg q \quad (2-20)$$

2.5.3 雨衰

由于降雨对电波产生的衰减，称为雨致衰减，简称雨衰。对于数字卫星广播系统来说，必须对雨衰的影响程度进行分析。

（1）雨衰的机理及影响

当电波穿过降雨的区域时，雨滴会对电波产生吸收和散射，故而造成衰减。雨衰的大小与雨滴半径与波长的比值有着密切的关系，而雨滴的半径则与降雨率有关。实测结果表明雨滴的半径约在 0.025cm～0.3cm 之间，在 Ku 波段内，电波的波长在 2.5cm 左右，因此在 Ku 波段雨衰的影响是比较大的；而在 C 波段，因波长在 7.5cm 左右，波长大于雨滴的半径，故降雨产生的衰减是比较小的，通常不超过 0.5dB。雨衰对电波产生的影响主要是吸收衰减，大部分表现为热损耗。理论分析表明，雨致衰减的大小与雨滴的物理模型、电波的极化方向、工作波长，接收地点的位置及海拔高度等诸多因素有关，其中特别是雨滴的模型在世界各国乃至国内各地是不大相同的，故雨衰数值的估算是一项十分复杂的工作。

Ku 波段内雨衰现象对数字卫星电视广播产生的影响是十分显著的。降雨产生的衰减随着降雨率的增大而增大，根据实测和估算在 Ku 波段内短时间内

(数分钟)降雨的衰减可高达 20dB,显然,如此大的衰减量将使广播线路暂时中断;因此在 Ku 波段广播卫星设计工作中,应该考虑到雨衰的影响,对转发器天线的波束覆盖图进行优化设计;同时采用较大口径的接收天线可在一定程度上解决雨衰的问题。另外,对于数字卫星广播系统来说,有时仅仅增加几个 dB 的雨衰就会产生很大的误码率,从而使卫星线路中断,此种现象被称为“峭壁效应”,这是数字信号传输过程中所特有的现象。

为了保证数字卫星广播系统达到 99.99%的使用率(与 0.01%的中断率等价),即一年之内所有的中断时间加在一起不能超过 52 分 35.8 秒,因此考虑到雨衰现象以后,在 Ku 波段中整个系统的 G/T 值就要留有较大的裕量。

(2)Ku 波段雨衰的估算

理论上严格分析降雨产生的衰减问题是十分困难和复杂的,在国际上一般采用实际测量和近似理论相结合的方法其进行研究和分析,这样得到的结果是比较实用的。国际电联(ITU—R)针对卫星广播与通信的工程计算问题提出了一系列的建议书,如:618—3 建议书、679—1 建议书、837 建议书、838 建议书等。采用国际电联提出的半经验公式对雨衰问题进行工程计算是一种较为实际且可行的方法,另外特别需要说明的是,在 837 建议书中讨论远东雨区的划分时,已经采纳了我国武汉大学学者的研究成果,因此该建议书比较符合我国的实际情况。

雨衰的大小与许多因素有关,如:接收点的地理位置、接收点的海拔高度、接收点的降雨率、电波的极化方式、接收天线的仰角。

图 2—18 为中星 10 号 Ku 波段雨衰的估算曲线,该曲线是根据上述的半经验公式得到的,其中 0.01%的字样意味着全年内 0.01%的时间内(约 52 分 36 秒)雨衰量可达到或超出的数值,换句话说就是一年的 99.99%时间内雨衰不可能到达的上限数值。从该图中可以看出,我国雨衰最大的地区为东南沿海,而西北地区雨衰是比较小的。中星 10 号卫星装载 30 个 C 频段和 16 个 Ku 频段转发器,具有大容量、高可靠、长寿命等技术特点,接替鑫诺 1 号卫星(中星 5B)工作,以满足中国及西亚、南亚等国家和地区用户的通信、广播电视、数据传输、数字宽带多媒体等业务的应用需求。鑫诺 1 号是专门设计为对我国进行电视

广播的卫星，因此专门进行了抗雨衰的设计，其天线的波束中心位于福州附近。作为鑫诺1号的接替星，中星10号卫星的波束中心位于东南沿海地区，其各项性能均优于鑫诺1号，具有大容量、广覆盖、强功率、高可靠、长寿命等特点。

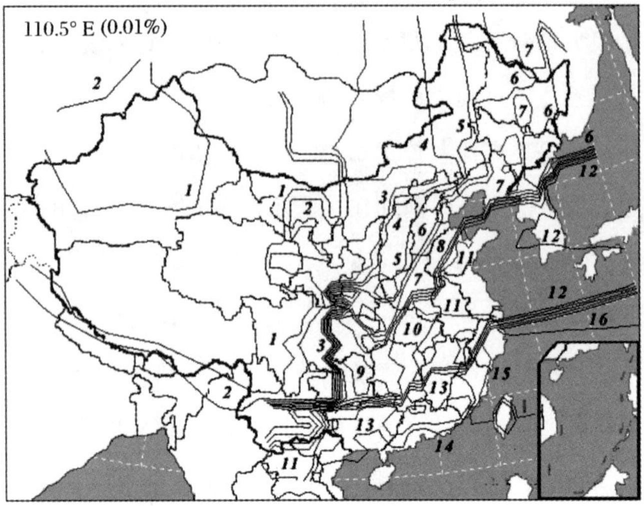

图 2－18　中星 10 号 Ku 波段转发器的雨衰估算曲线图

本章小结

本章介绍了静止卫星的运动规律以及摄动、日凌、卫星蚀等概念及其对卫星广播产生的影响。静止卫星轨道是与赤道面重合的、轨道高度在赤道上空35786.62km的圆形轨道，静止卫星在轨道运行的角速度与地球自转角速度大小相等，方向相同。由于静止卫星与地面保持相对静止关系所带来的一系列好处，因此现在的卫星广播系统中都采用静止卫星。然而由于各种因素的影响，静止卫星存在围绕其定点位置做“8”字形日漂移的摄动现象，地面大口径卫星天线应自动跟踪卫星漂移以减轻对卫星广播的影响。日凌和卫星蚀都是由于地球、太阳和卫星三者成为一条直线而产生的，对卫星广播和卫星通信会产生一定的影响。在发生日凌时，卫星在地球和太阳中间，卫星接收天线对准了太阳，强烈的太阳噪声使地面下行卫星信号受严重干扰甚至完全中断。在北半球，日凌各发生在春分前及秋分后的六到七天中午前后，每次持续数分钟。卫星蚀期间，卫星进入地球阴影区，卫星太阳电池不能提供电能，需要由蓄电池来供电。

通信广播卫星可分为五个子系统：天线子系统、广播子系统、电源子系统、跟踪遥测指令子系统和姿态控制子系统，本章介绍了各个子系统的基本功能和工作原理。本章还给出了描述卫星通信广播性能的几个电参数定义，如卫星等效全向辐射功率及覆盖图、功率通量密度、卫星品质因素、转发器频道配置等，这些参数分别反映了卫星的辐射能力、接收能力以及频率复用方式，也是卫星线路工程计算中的重要参数。

本章最后分析了卫星广播系统中涉及电波传播的问题，如：电波的极化、电波的传播损耗、雨衰等。极化是电磁波的一项基本参数，极化反映了电场矢量的矢端随时间变化的规律，在卫星通信和广播中是利用两种互相隔离的极化方式来实现频率复用的。在区域性的卫星通信中，普遍采用水平和垂直线极化方式，在用于卫星直播和洲际间的卫星通信中主要采用左、右旋圆极化方式。电波的自由空间损耗是影响有用信号传输的主要因素，星站距离越长、工作频率越高，损耗越大。在实际工程问题中，还需要考虑到接收天线阻抗失配和极化失配引起的有用信号损耗。此外，Ku、Ka 频段雨衰是不可忽略的衰减因素，通常雨滴越大、信号穿越的雨区越长，雨衰越大。

延伸阅读

本章重点介绍了关于静止卫星的基本概念，关于静止卫星的更深入内容，如轨道参数、星上系统、雨衰影响、雨衰估计和抗雨衰措施等内容，可参考以下书籍：

- Denni Roddy 著：《卫星通信》（第 4 版）第 2 章“轨道与发射方法”、第 3 章“静止卫星轨道”。
- Timothy 等著：《卫星通信》第 3 章“卫星”、第 8 章“传播效应及其在卫星－地球链路上的影响”。
- Louis J. Ippolito Jr. 著：《卫星通信系统工程》第 3 章“卫星子系统”、第 7 章“传播效应建模与预报”、第 8 章“抗雨衰”。

思考与练习

1.解释对地静止轨道的含义,并说明利用静止卫星进行卫星通信和广播有什么优势。

2.简要说明什么是日凌中断。

3.解释为什么当多载波被同时放大时,要避免在行波管放大器饱和点附近工作。

4.某绕地卫星位于距地面322km高度的圆形轨道上,试求:卫星运行的角速度、线速度和轨道周期。

5.解释EIPR的含义,并计算发射机将15W功率馈入天线且天线增益为36dB条件下的EIRP(分别以W和dBW为单位)。

6.某无线传播链路,发射机功率10W,收、发天线均为线极化天线,增益均为30dB,传播损耗120dB,极化角为20°,系统完全匹配,试计算接收天线输出功率。

参考文献

1.车晴、张文杰、王京玲:《数字卫星广播与微波传输技术》,中国广播电视出版社2003年版。

2.金祖孟、陈自悟:《地球概论》(第三版),高等教育出版社1978年版。

3.车晴、王晖:《卫星广播中日凌现象的影响与预测》,《北京广播学院学报》(自然科学版),1999年第4期。

4.车晴、毛志伋:《Ku波段卫星广播中雨衰现象的研究》,《电波科学学报》,1999年第2期。

5.〔加〕Denni Roddy著,郑宝玉等译:《卫星通信》(第4版),机械工业出版社2011年版。

6.〔美〕普拉特(Pratt,T.)等著,甘良才等译:《卫星通信》,电子工业出版社2005年版。

7.〔美〕Louis J. Ippolito Jr.著,孙宝升译:《卫星通信系统工程》,国防工业出版社2012年版。

8.http://www.satbeams.com.

第3章　数字卫星广播系统

本章要点：

1. 数字卫星广播系统模型
2. DVB－S 系统原理
3. DVB－S2 技术特点

目前，国际上卫星广播系统中的信道传输主要采用 MPEG－2/DVB－S 标准，该标准是 DVB 标准体系中问世最早的标准之一，近 20 年来在世界范围内得到了成功应用。1999 年我国将该标准采用为国家标准。随着近年来卫星广播中的新业务对数据容量的需求越来越高、信道编码技术的突破以及卫星功率受限的改善，使得新的传输标准能够采用纠错能力更强的信道编码和传输效率更高的调制方式，DVB 组织 2005 年标准颁布了 DVB－S2 标准。

本章首先阐述卫星广播系统信源编码、信道编码和数字调制技术基本原理，然后分别介绍 DBV－S 和 DBV－S2 系统各功能模块工作原理。

3.1　数字卫星广播系统概述

3.1.1　数字卫星广播传输系统模型

数字传输系统的作用是利用数字信号可靠、有效地进行信息传递，为了实现这一目标，典型的数字传输系统可用图 3—1 表示。

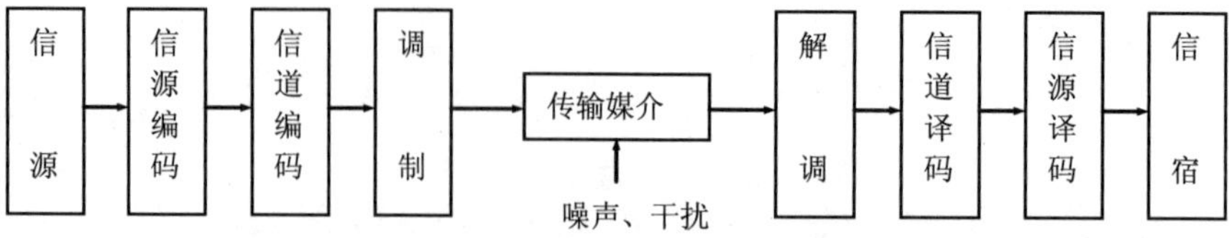

图 3—1　数字传输系统模型

发端设备的功能是将信源与传输媒介匹配起来，即将信源产生的消息变换为便于传输的信号形式，送往传输媒介。变换的方式很多，在需要频谱搬移的场合如无线传输，调制是最常见的变换方式。对于数字传输系统，发端设备还应包括信源编码和信道编码两部分。信源输出的信号可以是模拟信号也可以是数字信号，信源编码将模拟信号变换为二进制或多进制的数字序列，并且为了使传输有效，还去掉了一些与传输信息无关的多余度，即压缩编码。为了抗击传输过程中的各种干扰，提高传输的可靠性和有效性，通过信道编码（也称纠错码、差错控制编码）人为地加入一些冗余度，可以使数字信息序列具有自动检错和纠错能力。然后，信道编码送出的信息序列通过调制器变换为适合于媒介传输的信号波形。发送设备还包括为达到某些特殊要求所进行的各种处理，如多路复用、保密处理等。

传输媒介也就是传输信道，是信息从发送设备传递到接收设备所经过的媒介。它可以是有线的，也可以是无线的。数字信号在信道传输过程中，必然会遇到各种干扰如热噪声、脉冲干扰、衰落等，而使信号失真，信道的固有特性和干扰特性将直接关系到发送设备变换方式的选取。

接收设备的基本功能是进行发送设备的反变换。接收信号经解调器变换为数字信息序列，由于信道干扰的影响，这些信息序列可能已发生错误，经过信道译码器对其中的错误进行纠正，再通过信源译码器及解密器恢复出原始消息送给用户。对于多路复用信号，还要进行解除多路复用，实现正确分路。

由上述模型可见，一个数字传输系统的质量在很大程度上依赖于所采用的调制方式和信道编码方式。调制是为了使信号与信道特性相匹配，信道编码也即差错控制是为了保证信号经有噪声和干扰的信道传输过程中所造成的误码最少，因此调制方式和差错控制方式的选择主要由系统的信道特性决定。

典型的数字卫星广播传输系统如图 3－2 所示。传输链路主要包括：信源编码和复用、信道编码、地球站发射设备、卫星转发器、接收站前端、解调、信道译码、信源解复用和译码。

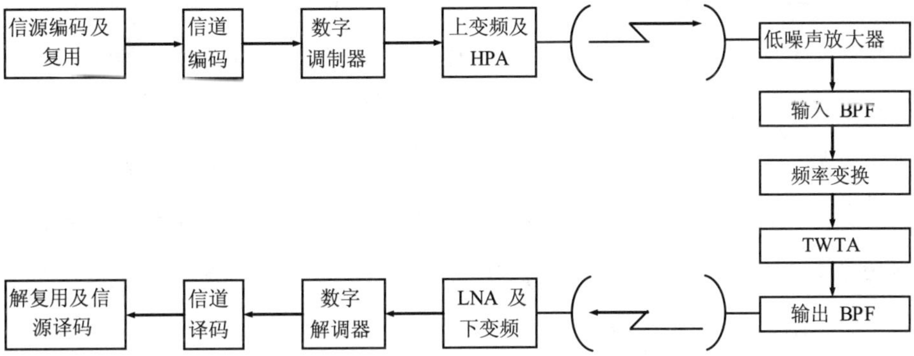

图 3－2　数字卫星广播传输系统模型

由图 3－2 可以看出，卫星广播信道是较典型的带限和非线性恒参信道。图中上、下行站的中频滤波器使信道的通频带具有带限的特性。由于卫星功率受限，使转发器中的行波管放大器（TWTA）、也可能使地球站高功放（HPA）工作在接近饱和的非线性区，从而具有调幅－调幅转换（AM/AM）和调幅－调相转换（AM/PM）效应，即产生附带的幅度和相位畸变。但信道的自由空间部分基本上是恒参的，没有起伏衰落现象。引入的噪声基本上是高斯白噪声。

3.1.2　信道编码选择

前面说过，数字信号在通过有噪声和干扰的信道时会产生差错，使用信道编码技术可以保证所造成的差错减少到最低程度。当然，也可以通过加大发射功率、提高发、收天线的增益等措施来增加信噪比，降低差错率。实践证明，使信噪比增加所需的费用，比通过采用纠错编码所需的费用要大得多。不过也应看到，目前信道编码基本上是按一定规律在原有信息序列中插入一定数量的不含信息量的监督码，使得信道实际传输速率要高于原始信息速率。所以编码所提高的可靠性是用牺牲效率来换取的。并且，通常在误比特率较低时，编码后差错率的下降越显著，而误比特率较高时，编码效果却不显著或无改善，甚至更坏。

差错控制技术分成三类：前向差错控制(FEC)、自动要求重发(ARQ)以及FEC与ARQ混合的技术。ARQ方式中，发送端发出能够发现(检测)错误的码，接收端收到通过信道传来的码后，译码器根据该码的编码规则，判决收到的码序列中有无错误产生，并通过反馈信道把判决结果用判决信号告诉发端。发端根据这些判决信号，把接收端认为有错的消息再次传送，直到接收端认为正确接收为止。而FEC方式中，发端发送能够被纠错的码，接收端收到这些码后，通过纠错译码器不仅能够自动地发现错误，而且可以自动地纠正接收码字在传输中产生的错误。可见，应用ARQ方式必须有一反馈信道，卫星广播信道是单向信道，必须使用FEC技术。

卫星信道基本上是高斯白噪声信道，差错是随机出现的，但也会出现少量的突发性错误。所以，卫星传输系统采用差错控制技术主要考虑的是抗随机性错误，也要考虑采用抗突发性差错的纠错码。随着大规模集成电路及计算机技术的发展，FEC的两大类即分组码与卷积码以及它们的级联使用的纠错方式，在卫星传输中均有使用。

理论分析和计算机模拟表明，在高斯白噪声信道中，外码用RS码(一种重要的分组码)，内码用卷积码并用维特比译码(一种有效而实用的卷积码译码法)，能够获得很大的编码增益，特别适合于卫星信道。近年来随着纠错码技术的突破性进展，DVB－S2中采用的外码为BCH，内码为LDPC(一种优异的分组码)的FEC方式提供了更大的编码增益。同时，由于LDPC码的优异性，能使该纠错码可以在卫星信道中单独使用。

3.1.3 数字调制技术选择

在图3－2中，调制器把数字信息变换成适合传输的波形。通常调制器输出频谱以某一中频为中心，其带宽与传输速率有关。在卫星地球站范围内，中频通常为70MHz或140MHz。在数字调制中是利用输入比特来变换载波的幅度、频率或相位，可以变换单独一项，也可以变换一项以上。这种变换决定了调制技术所具有的功率和带宽效率。

在数字卫星传输系统中，对调制方式的选择应综合考虑多方面的因素，如卫星频带与功率的有效利用，频谱扩展限制，热噪声、临波道干扰、同波道干扰等的影响，TWTA 非线性的影响，卫星工作点的选择，同步电路的设计，调制解调设备实现的难易及成本，容许性能恶化的程度等。因此对调制方式有以下要求：

(1)由于卫星信道的非线性以及 AM/PM 效应，要求调制后的波形尽量采用幅度变化少的数字调制方式。

(2)调制方式对 TWTA 的非线性应有良好的适应性，即已调信号经 TWTA 饱和放大和转发器带限滤波后，功率性能恶化要小。

(3)要尽量使用在相同的每比特信号能量与单边噪声功率谱密度比(E_b/n_0)的条件下，抗干扰能力强(误比特率低)的数字调制技术，以节省卫星功率；

(4)在频谱利用率相同、功率利用率相当时，尽量选用解调较简单的调制方式。

另外，调制器的输入特性需要满足某些条件，如果这些条件不能保证，调制解调器就可能劣化，甚至不能工作。这就要求，首先要保证输入数据没有长串的连“1”和连“0”，否则会造成在发射谱中存在一些高电平的谱线，并且数据流中缺乏充分的时钟恢复信息；其次要求输入信号是非归零(NRZ)型式，非归零信号在比特时间内有恒定的电平，其他码型在数据流中有附加的跳变而会增加传输带宽；最后，输入数据必须基本上是随机的，调制解调器对重复的比特图形容易显露出反常的特性。

总之，各种调制方式都具有一定的特性，但对于实际系统究竟选择哪种为好，要根据实际情况进行综合比较、仿真及试验而最后确定。从目前卫星传输系统的实际使用情况来看，几乎都使用数字调相方式，并以 QPSK 为主导方式，在数据传输中 8PSK 也被广泛采用。随着信道编码性能的突破，近几年来也开始采用 16 进制或 32 进制 APSK 方式。

3.2 信源编码技术

3.2.1 卫星广播系统支持的信源编码标准

DVB－S对信源的格式有严格规定，选定MPEG－2标准作为音频及视频的编码压缩方式，随后对MPEG－2码流进行打包形成传输流(TS)，进行多个传输流复用，然后进行信道编码和数字调制，最后通过卫星进行传输。可是，DVB－S2则灵活得多，实现了对多种数据输入格式的支持，扩展性大为增强。DVB－S2支持的信源编码方式包括MPEG－2、MPEG－4、MPEG－4AVC(H.264)、VC1/WM9、AVS在内的多种信源编码格式。在码流支持上，DVB－S2可以传输单个或多个码流，包括MPEG－TS流和分包的或连续的通用数据流(如IP流或ATM流)。

信源编码的主要作用是对数据进行压缩，也即从采样数据中去除冗余。更详细地说，信源编码需要保留原始信号中变化的、特征性信息，去除重复的、确定的或可推知的信息，在实现更接近实际媒体信息描述的前提下，尽可能减少描述用的信息量。目前常见的编码标准包括：MPEG－2、MPEG－4ASP(Advanced Simple Profile)、H.264/AVC (MPEG－4 Part 10)、Microsoft WMV－9/VC－1、AVS等。

(1)MPEG－2

MPEG－2音频/视频压缩标准(ISO/IEC 13818)是由ISO/IEC的运动图像专家组在1995年发布的，它包括系统、视频、音频、一致性和软件部分，以及一些其他方面。它主要是针对DVB、HDTV、DVD等制定的4～9Mbps数据速率运动图像及其伴音的编码标准。MPEG－2的视频编码为不同的应用(比如视频会议、HDTV等)定义了7种"型(Profiles)"，Simple(简单)、Main(主要)、SNR Scalable(SNR可伸缩)、Spatially Scalable(空间可伸缩)、High(高)、4∶2∶2、Multiview(多视图)。在每个型中定义了四个等级以支持不同的数据量和目标的应用。MPEG－2的高级音频编码(AAC)可提供左右中及两个环绕声道，以及一个加重低音声道。

(2)MPEG－4

MPEG－2使用基于帧的编码技术，关注高压缩率和令人满意的图像质量。ISO/IEC在1999年发布的MPEG－4(ISO/IEC14496)则是一个庞大的有关交互多媒体编码与通信的标准。与之前的压缩编码标准不同，MPEG－4采用基于对象的编码(Object－Based Coding)方式。基于对象的编码不仅可以提供更高的压缩率，而且有利于进行数字视频的合成、处理、索引和检索。MPEG－4视频压缩最初适用于低码率的通信(4.8kbps～2Mbps)，现在它的码率已经扩大到5kbps～10Mbps。MPEG－4的音频把多种不同音频技术整合成了一种标准：语音压缩、基于感知的编码、文语转换和MIDI，它主要的音频编码器MPEG－4 AAC和MPEG－2 AAC很相似，只有很小的变化。

(3)H.264

H.264是由ISO/IEC MPEG和ITU－T成立的联合视频工作组(Joint Video Team)制定的新的视频编码标准。该标准ITU－T中的名称为H.264，在ISO/IEC中的正式名称为MPEG－4AVC标准，即ISO/IEC14496－102003.10。H.264和以前的标准一样，也是DPCM加变换编码的混合编码模式，但它采用"回归基本"的简洁设计，不用众多的选项，获得比其他标准更好的压缩性能；加强了对各种信道的适应能力，采用"网络友好"的结构和语法，有利于对误码和丢包的处理；应用目标范围较宽，以满足不同速率、不同解析度以及不同传输(存储)场合的需求。

(4)VC－1

VC－1(Video Codec 1)是微软公司提交SMPTE(摄影与电视工程师协会)申请成为国际标准的视频编码规范。VC－1基于微软Windows Media Video 9 (WMV9)格式，而WMV9格式现在已经成为VC－1标准的实际执行部分，二者的语法、语义完全相同。在MPEG－2和H.264之后，VC－1是最后被认可的高清编码格式，最终被HD DVD和Blu－ray都写入支持规格中。VC－1的编码结构也是基于块的运动补偿混合编码结构，但是相对于MPEG2，VC－1的压缩比更高，但相对于H.264而言，编码解码的计算则要稍小一些。

(5)AVS

2013年6月由IEEE(电气电子工程师协会)发布的AVS(IEEE 1857－2013)是我国具备自主知识产权的第二代信源编码标准,是《信息技术先进音视频编码》系列标准的简称,包括系统、视频、音频、数字版权管理等四个主要技术标准和符合性测试等支撑标准。IEEE 1857－2013标准分为4个档次:Main(电视)、Surveillance(监控)、Portable(移动)和Broadcasting(高清3D)。IEEE AVS和IEEE 802系列标准一起,构筑新一代的媒体网络技术标准体系。如今,全球AVS芯片厂商已经超过20家,中外采用AVS播出的数字电视节目已经超过1000套。

3.2.2　卫星广播系统支持的码流举例

DVB－S2的业务可以使用TS格式传输,也可以使用通用流格式传输。这里主要介绍两种和DVB－S2密不可分的流格式:MPEG－TS流和IP数据流。

(1)MPEG－TS流

MPEG－TS流定义在MPEG－2系统层(ISO/IEC13818－1),该部分强调将一个或多个音频、视频或其他的基本数据流(ES流)合成单个或多个数据流,以适应存储(程序流,也即PS流)或传输(传送流,也就是TS流)的要求。PS流一般适用于误码比较小的演播室、家庭环境和存储媒介(如DVD光盘)等场合使用,而在数字卫星电视信号的传输信道中存在较大的干扰,容易产生误码,因此需要采用TS流进行传送。

音频或视频数据合成PS流和TS流的示意图如图3－3所示。ES流是经过压缩编码的音频流、视频流或辅助数据流。PES是打包后的音视频编码流,PES头包括流的性质(视频、音频、数据等)、PES包的长度、PES头部标记等;PES长度可变,一般存放一个存取单元,如一个视频帧或音频帧等。PS流中的PES一般具有公共的时间基准,以适应交互式多媒体显示的需求。TS流中的PES可以具有公共的时间基准,也可以是各自独立的时间基准。

PES流进入TS流复用器后,被分割成多个固定长度的小包,所有的PES小包数据(包括PES包头)都作为TS包的净荷进行传输。一个PES包的包头

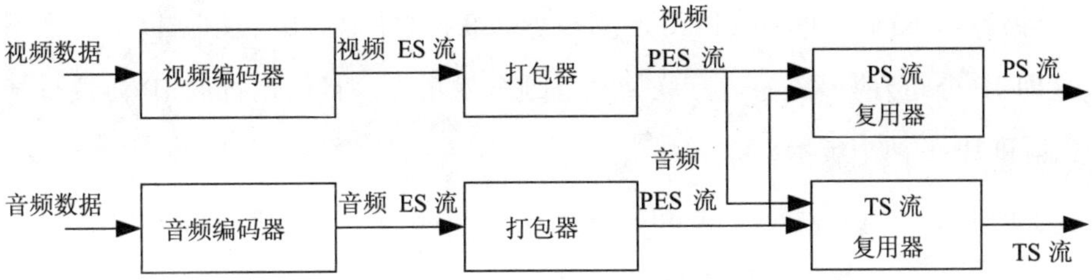

图 3－3　ISO/IEC13818－1 传送流复用过程示意图

必须包含在一个新的 TS 包中，同时 PES 包数据要充满 TS 传送包的有效负荷区域，若 PES 包数据的结尾无法与 TS 包的结尾对齐，则需要在 TS 的自适应区域中插入相应数量的填充字节，使得两者的结尾对齐。

TS 流中的 TS 包长度固定为 188B，由分组首部、可变长度适配头和净负荷数据组成，如图 3－4 所示。其中，同步字节(0x47)用于建立包同步；PID 则是辨别 TS 流分组的重要参数，PID 通过节目特殊信息(PSI)表来识别传送流分组中所带的数据，一个 PID 值的 TS 流分组只带有来自一个 ES 流的数据；连续计数器用于进行误码处理，在发送端对所有的 TS 包都做 0～15 的重复计数，在接收端如果发现连续计数器的值有中断，就表明有数据丢失；传送加密控制字段指示是否允许对包数据进行加扰处理。

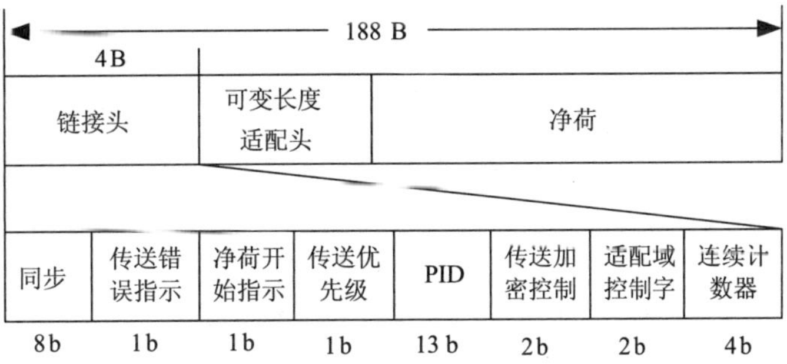

图 3－4　TS 包格式

(2)IP 数据流

IP 协议运行在 TCP/IP 协议簇的网络层，是一种不可靠的无连接协议，用于“主机－主机”间的通信，提供“尽力传送”的服务。网络层不关心数据报①的

① 广播电视中多用“数据色”、“色头”等，网络中多用“数据报”、“报头”等，特此说明。——作者

具体内容，只是负责将多个网络连成一个互联网，并把高层的数据以多个数据包(即 IP 分组)的形式通过互联网独立地分发出去。目前运行的 IP 协议包括 IPv4 和 IPv6 两个版本。

IPv4 是 http://baike. baidu. com/view/1087323. htmIP 协议的第四版(RFC791,1981)，报文结构如图 3—5 所示。一个 IPv4 数据报由报头和数据两部分组成，其中数据包括高层需要传输的数据，而报头是为了正确传输高层数据而增加的控制信息。报头的前一部分是固定长度，共 20 字节，是所有 IP 数据报必须具有的。在报头的固定部分的后面是一些可选字段，其长度是可变的。图 3—5 中“版本”指 IP 协议的版本，这里的 IP 协议版本为 4.0(即 IPv4)；“长度”指 IP 数据报报头的长度；“服务类型”指示主机要求通信子网提供的服务类型，通常文件传输更注重可靠性，而数字声音或图像的传输更注重延迟；“数据报总长度”包括头部和数据的长度，以字节为单位，数据报的最大长度为 65535 字节(即 64KB)；“标志符”为分割段(fragment)提供数据报标识；“标志”指示数据报是否可分段；“分片偏移”指示该分段在数据报中的相对位置；“生存期”指示数据报在网络中的寿命；“传输协议”指示传输层所采用的协议，如 TCP、UDP 或 ICMP 等。“报头校验和”用来检验数据报的报头(不包括数据部分)。“IPv4 地址”表示 32bit 的地址，源地址与目标地址分别表示该 IP 数据报发送者和接收者地址。

固定报头	版本(4)	长度(4)	服务类型(8)	数据报总长度(16)	
	标志符(16)			标志(3)	分片偏移(13)
	生存期(8)		传输协议(8)	报头校验和(8)	
	源地址 (发送端)(32)				
	目标地址(目的端)(32)				
可变报头	选项(变长)		填充(变长)		
	数据(变长)				

图 3—5 IPv4 报文结构(单位:比特)

IPv6 是 http://baike. baidu. com/view/1087323. htmIP 协议的第六版(RFC2460,1998)，IETF(互联网工程任务组，Internet Engineering Task Force)设计 IPv6 的目的是用于替代现行版本 IP 协议(IPv4)，其数据报格式如图 3—6 所示。“版本号”指示 IP 协议版本号，这里其值为 6；“通信量类型”也称优先级，

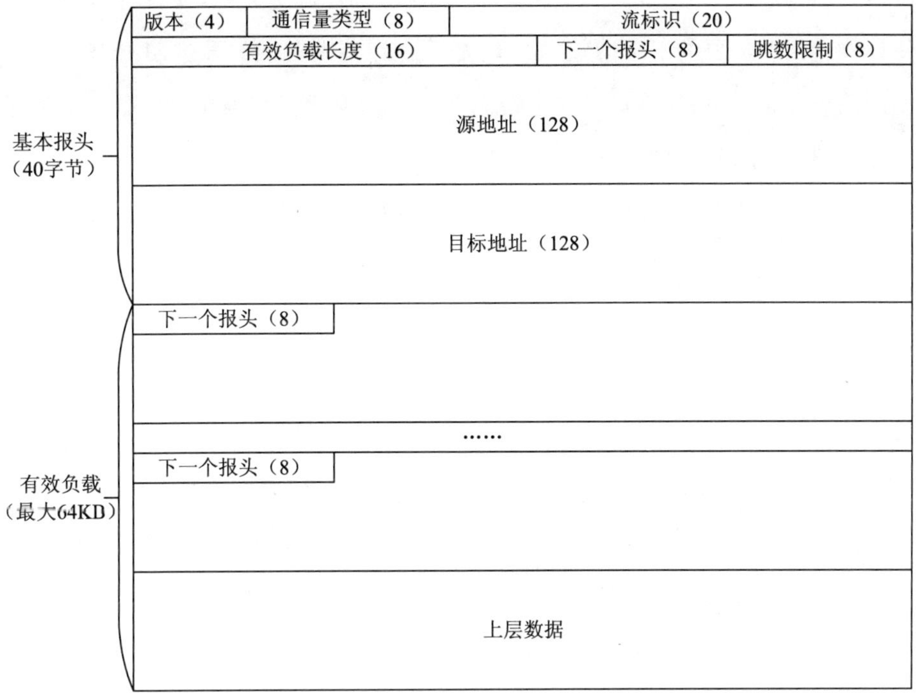

图3－6　IPv6数据报格式(单位:比特)

用于指示通信量的类别，以支持差别服务(Differentiated Service，DS)；“流标识”是IP层实现QoS保障和资源预留的重要字段，用来标识属于相同数据流的分组，使得源端和目的端可以建立一种具有某种特性和满足特殊要求的“伪”连接，以实现QoS协商机制；“有效负载长度”指示所有扩展头加上传输层PDU的总长度；“下一个报头”指紧随基本报头的下一个报头的类型代码；“跳数限制”功能同IPv4中的“生存时间”。“源地址”和“目标地址”分别指示128bit的源IP地址和目标IP地址。

3.3　信道编码

3.3.1　BCH码和RS码

BCH码和RS码分别于1959年和1960年发明，并均由发明人的名字命名，且都是线性分组码中的循环码的子类。BCH码是纠多个随机错误的二进制码，其特点在于其生成多项式与纠错能力之间有密切关系，使设计者可以方便地构造出所需要的 BCH 码。RS 码是适合纠突发错误的多进制 BCH 码，在相同编码冗余度下，具有最强的纠错能力。BCH 码和 RS 码在通信和广播领域广泛应用，并常作为级联码的外码使用。

本节将首先引入线性分组码和循环码的基本概念，然后介绍 BCH 码和 RS 码的编码原理。

(1)线性分组码的基本概念

分组码是把信源输出的信息序列按每段 k 个码元分为一个信息组，并以一定规则对每一信息组增加 $r=n-k$ 个监督码元（校验码元），组成长为 n 的码字（码组、码矢）。在二进制情况下，信息组总共有 2^k 个，通过编码后相应的码字也有 2^k 个，称 2^k 个码字的集合为(n,k)分组码。在分组码中，若码字的信息码元和监督码元之间有某种线性关系则称为线性分组码。在线性分组码中，码字前半部分是未变化的信息位码元，后半部分是监督位码元，这样的码称为系统码，如图 3－7 所示。

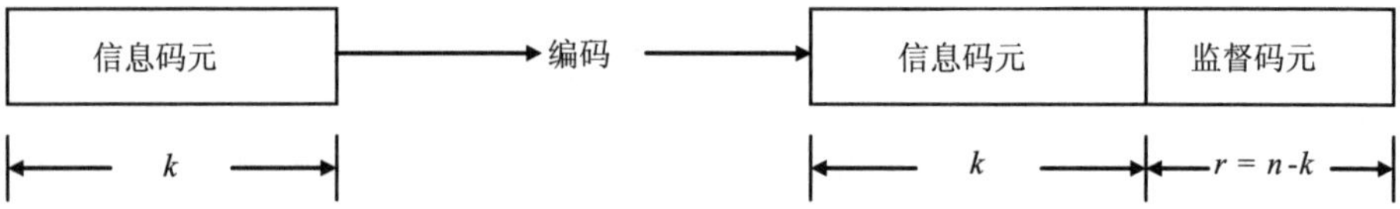

图 3－7　系统分组码

长为 n 的码字所有可能的组合共有 2^n 个，而(n,k)分组码的码字集合只有 2^k 个，所以分组码的编码问题就是定出一套规则，从 2^n 个码字中选出 2^k 个包含信息组的码字为许用码组，其余的 2^n-2^k 个为禁用码组。不同的选取规则就会得到不同的分组码。

通过一个例子说明如何构造这种线性码。设系统分组码(7,4)中，$a_6a_5a_4a_3$ 是四个信息码元，$a_2a_1a_0$ 是三个按以下校验方程式得到的监督码元：

$$\left.\begin{aligned} a_2 &= a_6 \oplus a_5 \oplus a_4 \\ a_1 &= a_6 \oplus a_5 \oplus a_3 \\ a_0 &= a_6 \oplus a_4 \oplus a_3 \end{aligned}\right\} \tag{3－1}$$

编码时，$a_6a_5a_4a_3$ 取决于被传输的信息，由此得到的16个许用码组列于表3—1。由于上述方程中信息码元和监督码元满足线性关系，因此(7,4)码是线性码。

表3—1　(7,4)码许用码组

信息位	监督位	信息位	监督位
$a_6a_5a_4a_3$	$a_2a_1a_0$	$a_6a_5a_4a_3$	$a_2a_1a_0$
0000	000	1000	111
0001	011	1001	100
0010	101	1010	010
0011	110	1011	001
0100	110	1100	001
0101	101	1101	010
0110	011	1110	100
0111	000	1111	111

下面说明线性分组码的几个重要参数：编码效率、汉明重量、汉明距离和最小距离。

编码效率(码率)定义为 k/n，它表明在(n,k)分组码中信息位在码字中所占的比重，比重越大，码的传输信息的有效性越高，但纠错能力越差。因此，编码效率是衡量分组码有效性的一个基本参数。

汉明重量定义为一个码字中非零码元的数目，简称码重。例如码字110101的汉明重量为4。汉明距离定义为两个码字之间对应码位上具有不同二进制码元的位数，简称码距。如110101与111000之间的汉明距离为3。在分组码中，各码字之间的汉明距离可能会不相同，但必定有一个是最小的，把这个最小的距离定义为该分组码的最小距离 $d_{\min}$。$d_{\min}$越大，则从一个码字错为另一个码字的可能性越小，因此检错和纠错能力越强。

线性分组码的监督矩阵是用来描述监督码元与信息码元的校验关系的矩阵。以前面的(7,4)码为例，式中三个校验方程可以改写为如下形式：

$$\left.\begin{array}{l}1\cdot a_6+1\cdot a_5+1\cdot a_4+0\cdot a_3+1\cdot a_2+0\cdot a_1+0\cdot a_0=0\\1\cdot a_6+1\cdot a_5+0\cdot a_4+1\cdot a_3+0\cdot a_2+1\cdot a_1+0\cdot a_0=0\\1\cdot a_6+0\cdot a_5+1\cdot a_4+1\cdot a_3+0\cdot a_2+0\cdot a_1+1\cdot a_0=0\end{array}\right\}\quad(3-2)$$

上式中已将“$\oplus$”简写为“+”。本章后面若非特殊说明，这类式中的“+”都指“$\oplus$”。这组线性方程组还可表示成如下矩阵形式：

$$HA^T = O^T \quad 或 \quad AH^T = O \tag{3-3}$$

其中

$$H = \begin{bmatrix} 1 & 1 & 1 & 0 & 1 & 0 & 0 \\ 1 & 1 & 0 & 1 & 0 & 1 & 0 \\ 1 & 0 & 1 & 1 & 0 & 0 & 1 \end{bmatrix}$$

$$A = [a_6 \quad a_5 \quad a_4 \quad a_3 \quad a_2 \quad a_1 \quad a_0]$$

$$O = [0 \quad 0 \quad 0]$$

H 称为线性分组码的监督矩阵。可以看出，H 为 $r \times n$ 阶矩阵，矩阵每行中的元素“1”表示相应码元之间存在偶校验(模 2 和结果为 0)关系。式中的 H 矩阵可以分成两部分，即：

$$H = \begin{bmatrix} 1 & 1 & 1 & 0 & \vdots & 1 & 0 & 0 \\ 1 & 1 & 0 & 1 & \vdots & 0 & 1 & 0 \\ 1 & 0 & 1 & 1 & \vdots & 0 & 0 & 1 \end{bmatrix} = [P \quad I_r \quad] \tag{3-4}$$

其中 P 为 $r \times k$ 阶矩阵，I_r 为 $r \times r$ 阶单位方阵。具有$[P \quad I_r]$形式的矩阵称为典型阵。

生成矩阵 G 是在给定信息位的条件下，如何确定码字的矩阵，按下式构造：

$$G = [I_k \quad Q] = \begin{bmatrix} 1 & 0 & 0 & 0 & 1 & 1 & 1 \\ 0 & 1 & 0 & 0 & 1 & 1 & 0 \\ 0 & 0 & 1 & 0 & 1 & 0 & 1 \\ 0 & 0 & 0 & 1 & 0 & 1 & 1 \end{bmatrix} \tag{3-5}$$

式中 Q 为 $k \times r$ 阶矩阵，它是 P 的转置，即 $Q = P^{\mathrm{T}}$，在 Q 的左边加上一个 $k \times k$ 阶单位方阵 I_k，就构成一个 $k \times n$ 阶矩阵 G。由生成矩阵可以产生整个码字 A，即：

$$A = [a_6 \quad a_5 \quad a_4 \quad a_3]G \tag{3-6}$$

具有$[I_k \quad Q]$形式的生成矩阵称为典型生成矩阵，由它产生的分组码一定是系统码。

根据线性代数理论，典型监督矩阵和生成矩阵各行一定是线性无关的，非

典型形式的 H 矩阵和 G 矩阵经过运算可以化为典型形式。对于典型生成矩阵 G，每行本身就是一个许用码组，k 行许用码组经过运算可以生成 2^k 个不同的许用码组。

线性分组码的两个重要性质：一是任意两个许用码组之和（逐位模 2 和）仍为一许用码组，即线性码具有封闭性。二是码的最小距离等于非零码的最小重量。这两个性质也可以利用表 3－1 进行验证。

式（3－6）所示的码组 A 为发送码组，此码组在传输过程中可能发生误码。设接收码组具有下列形式：

$$B = [b_{n-1} \quad b_{n-2} \quad \cdots \quad b_0] = A + E \tag{3-7}$$

其中，E 是传输中产生的错码行矩阵，也称错误图样，即：

$$E = [e_{n-1} \quad e_{n-2} \quad \cdots \quad e_0]$$

$$e = \begin{cases} 0, \text{当 } b_i = a_i \\ 1, \text{当 } b_i \neq a_i \end{cases}$$

因此，$e_i=0$ 表示 i 位接收码元无错，$e_i=1$ 表示 i 位接收码元有错。例如，若发送码组 A＝[1000111]，错码矩阵 E＝[0000100]，则接收码组 B＝[1000011]。

校正子是一个 $n-k$ 阶行矩阵，定义为：

$$S = BH^T = (A+E)H^T = AH^T + EH^T = EH^T \tag{3-8}$$

由于 $AH^T=0$，因此校正子只与 E 有关，即错误图样与校正子之间有确定的关系。校正子的重要性就在于可以用它来检出和纠正差错。

仍以前面的（7，4）码为例。其校正子与误码位置的关系如表 3－2 所示。设码字 B＝[1000011]，则接收端计算出校正子 S＝[100]，可知误码位置为 a_2。

表 3－2　校正子与误码位置的关系

S	误码位置	S	误码位置
001	a_0	101	a_4
010	a_1	110	a_5
100	a_2	111	a_6
011	a_3	000	无错

(2)循环码基本概念

在前面所讲内容的基础上，首先介绍为理解 BCH 码或 RS 码所必要的关于有限域的基本概念。

对于有限个符号，若符号的数目是一素数的幂，则这有限个符号与相应定义的加法和乘法组成的域称为有限域；若它是有 2^m 个符号的域，则称之为伽罗华域 GF(2^m)。根据上述定义，由 0、1 两个元素按模 2 加和模 2 乘构成的二元域，记为 GF(2)。由 2^m 个元素组成的域记为 GF(2^m)。

设 $p(x)$为 GF(2)内的 m 次不可约多项式(即 $p(x)$的系数在 GF(2)内)，并设 α 为 $p(x)$的根，即 $p(\alpha)=0$。若适当选择 $p(x)$使 α 的直到 2^m-2 次的各次幂都不相同，则 $0、1、\alpha、\alpha^2、\cdots、\alpha^{2^m-2}$构成了 GF($2^m$)中的全部元素，而且每一元素还可用其他元素之和表示。那么，称 α 为 GF(2^m)的本原元素，称 $p(x)$为本原多项式。伽罗华域元素进行乘法运算时用指数形式表示，进行加法运算时用矢量形式表示。例如，$m=4$，$p(x)=x^4+x+1$，$\alpha=2_{\text{HEX}}$，可得到 GF(2^4)的全部元素，如表 3－3 所示。

表 3－3　GF(2^4)的全部元素

指数形式	矢量形式	指数形式	矢量形式
0	0000	$\alpha^7=\alpha(\alpha^3+\alpha^2)=\alpha^4+\alpha^3=\alpha^3+\alpha+1$	1011
1	0001	$\alpha^8=\alpha(\alpha^3+\alpha+1)=\alpha^4+\alpha^2+\alpha=\alpha^2+1$	0101
α	0010	$\alpha^9=\alpha(\alpha^2+1)=\alpha^3+\alpha$	1010
α^2	0100	$\alpha^{10}=\alpha(\alpha^3+\alpha)=\alpha^4+\alpha^2=\alpha^2+\alpha+1$	0111
α^3	1000	$\alpha^{11}=\alpha(\alpha^2+\alpha+1)=\alpha^3+\alpha^2+\alpha$	1110
$\alpha^4=\alpha+1$	0011	$\alpha^{12}=\alpha(\alpha^3+\alpha^2+\alpha)=\alpha^4+\alpha^3+\alpha^2=\alpha^3+\alpha^2+\alpha$	1111
$\alpha^5=\alpha(\alpha+1)=\alpha^2+\alpha$	0110	$\alpha^{13}=\alpha(\alpha^3+\alpha^2+\alpha+1)=\alpha^4+\alpha^3+\alpha^2+\alpha=\alpha^3+\alpha^2+1$	1101
$\alpha^6=\alpha(\alpha^2+\alpha)=\alpha^3+\alpha^2$	1100	$\alpha^{14}=\alpha(\alpha^3+\alpha^2+1)=\alpha^4+\alpha^3+\alpha=\alpha^3+1$	1001

应用最广的线性分组码的子类是循环码。循环码的特点是，任一许用码组经任意循环移位后所得的码组仍为许用码组(除全零码外)。例如，若($a_{n-1}a_{n-2}\cdots a_1a_0$)为一许用码组，则($a_{n-2}a_{n-3}\cdots a_0a_{n-1}$)、($a_{n-3}a_{n-4}\cdots a_{n-1}a_{n-2}$)、…、($a_0a_{n-1}a_{n-2}\cdots a_2a_1$)均为循环码中的许用码组。

为进一步说明循环码的构造，引入码多项式的概念。在代数编码理论中，为便于计算，可以将码组用多项式来表示，称为码多项式。码多项式的系数（取 0 或 1）代表码组中的码元，则长为 n 的码组可表示为：

$$A(x)=a_{n-1}x^{n-1}+a_{n-2}x^{n-2}+\cdots+a_1x+a_0 \tag{3-9}$$

式中，x 仅是码元位置的标记。例如，(7,3)码的一个码字为 1100101，则用码多项式表示为 $A(x)=x^6+x^5+x^2+1$。而码多项式的按模运算定义为，设多项式系数在二元域上，若 $F(x)$ 除以 $N(x)$ 商为 $Q(x)$、余数为 $R(x)$，即 $F(x)=Q(x)N(x)+R(x)$，则可写为：

$$F(x)\equiv R(x)\quad(\text{模 } N(x)) \tag{3-10}$$

例如，x^n 被 (x^n+1) 除得余项 1，则有 $x^n\equiv 1$（模 (x^n+1)）。

对循环码来说，若 $A(x)$ 是一个长为 n 的许用码组，如下式所示，则 $x^iA(x)$ 在按模 (x^n+1) 运算下有：

$$\begin{aligned}x^iA(x)&=a_{n-1}x^{n-1+i}+a_{n-2}x^{n-2+i}+\cdots+a_{n-1-i}x^{n-1}+\cdots+a_1x^{1+i}+a_0x^i\\&\equiv A'(x)\quad(\text{模}(x^n+1))\end{aligned} \tag{3-11}$$

即余式 $A'(x)$ 为：

$$A'(x)=a_{n-1-i}x^{n-1}+a_{n-2-i}x^{n-2}+\cdots+a_0x^i+a_{n-1}x^{i-1}+\cdots+a_{n-i} \tag{3-12}$$

显然，$A'(x)$ 正是 $A(x)$ 所代表的码组向左循环 i 次的结果，因此 $A'(x)$ 必是循环码的另一许用码组。由上述分析可见，长为 n 的循环码，它的每个许用码组都是按模 (x^n+1) 运算的余式。

下面引入循环码的生成多项式概念。在 (n,k) 循环码中，用码多项式 $g(x)$ 表示前 $(k-1)$ 位全为“0”的码组，我们把这唯一的 $(n-k)$ 次多项式 $g(x)$ 称为循环码的生成多项式。在循环码中，一个 (n,k) 码有 2^k 个不同的码组。由于 $g(x)$ 为 $(n-k)$ 次码多项式，则 $g(x)$、$xg(x)$、$x^2g(x)$、…、$x^{k-1}g(x)$ 都是码组并且是线性无关的。把这 k 个多项式作为各行构成的矩阵即为生成矩阵，由各行的线性组合可以得到 2^k 个循环码组。因此循环码的生成矩阵 G 可以表示为：

$$G(x)=\begin{bmatrix}x^{k-1}g(x)\\x^{k-2}g(x)\\\vdots\\xg(x)\\g(x)\end{bmatrix} \tag{3-13}$$

若已知 k 位信息码元为$(a_{n-1}a_{n-2}\cdots a_1a_0)$，由 $G(x)$求得相应的循环码多项式为：

$$\begin{aligned} A(x) &= (a_{n-1}a_{n-2}\cdots a_{n-k})G(x) \\ &= (a_{n-1}x^{k-1}+a_{n-2}x^{k-2}+\cdots+a_{n-k})g(x) \\ &= h(x)g(x) \end{aligned} \tag{3-14}$$

这表明 $g(x)$是码多项式的一个因式，所有码多项式都可以被 $g(x)$整除。上述分析说明，一旦确定了生成多项式 $g(x)$，就可以由此构成生成矩阵，整个(n,k)循环码也就被确定了。可见，构成循环码的关键在于寻找一个适当的生成多项式。下面讨论如何寻找 $g(x)$。

由于 $g(x)$本身是一个码多项式，所以 $x^k g(x)$为一 n 次多项式，并且在模(x^n+1)运算下为另一码组，故有：

$$\frac{x^k g(x)}{x^n+1} = 1+\frac{A(x)}{x^n+1} \tag{3-15}$$

即

$$x^k g(x) = x^n+1+A(x)$$

将式(3－14)代入上式并移项，得：

$$x^n+1 = x^k g(x)+h(x)g(x) = g(x)[x^k+h(x)] \tag{3-16}$$

这说明 $g(x)$是(x^n+1)的一个因式。为寻找生成多项式，就必须对(x^n+1)进行因式分解。以(7,3)循环码为例，对(x^n+1)分解因式有 $x^7+1=(x+1)(x^3+x+1)(x^3+x^2+1)$，不难看出，$(n-k)=4$ 次的因子有两个，即$(x+1)(x^3+x^2+1)=x^4+x^2+x+1$ 和$(x+1)(x^3+x+1)=x^4+x^3+x^2+1$，两式都可作为生成多项式。用 $g(x)=x^4+x^2+x+1$ 产生的(7,3)循环码如表 3－4 所示。

表 3－4　(7,3)循环码

信息位	监督位	信息位	监督位
$a_6a_5a_4a_3$	$a_2a_1a_0$	$a_6a_5a_4a$	$3a_2a_1a_0$
000	0000	100	1011
001	0111	101	1100
010	1110	110	0101
011	1001	111	0010

(3)BCH 码

BCH 码(Bose－Chaudhuri－Hocquenghem code)是循环码的一个重要子类,是纠正多个随机错误的码。BCH 码具有循环性且可用生成多项式描述,它的重要性在于其生成多项式与纠错能力之间有密切的关系,可以方便地构造出能纠正 t 个错误的 BCH 码。

若循环码有下述形式的生成多项式:

$$g(x) = \mathrm{LCM}(m_1(x), m_3(x), \cdots, m_{2t-1}(x)) \qquad (3-17)$$

式中,t 为纠错个数,$m_i(x)$ 为 α^i 的最小多项式,而 α^i 为 $GF(2^m)$ 的质数根,LCM 表示取最小公倍数,则由此产生的循环码称 BCH 码。BCH 码具有如下参数:

码组长度:$n=2^m-1$ 或是 2^m-1 的因子,m 是正整数。码长为 2^m-1 的 BCH 码称为本原 BCH 码,码长为 2^m-1 因子的 BCH 码称为非本原 BCH 码。

监督位数:$n-k\leqslant mt$。由于 $g(x)$ 有 t 个因式,且每个因式的最高阶次不超过 m,因此监督码元最多为 mt 位。

最小码距:$d_{\min}\geqq 2t+1$,能纠正 t 个错误。

例如,构造一个能纠正 2 个错误、码长为 15 的 BCH 码,由 $n=15$ 可知 $m=4$,则由式(3－17)可得该码的生成多项式为 $g(x)=\mathrm{LCM}(m_1(x), m_3(x))$,经计算或查有关表格得到,$m_1(x)=x^4+x+1$,$m_3(x)=x^4+x^3+x^2+x+1$,因此 $g(x)=m_1(x)m_3(x)=x^8+x^7+x^6+x+1$,这就是纠正 2 个错误的(15,7)BCH 码的生成多项式。

BCH 码以计算伴随式的方法为基本译码算法,其步骤为:

1)用生成多项式的各因式作为除式,对收到的码多项式求余式,得到 t 个余式,称为部分伴随式;

2)用部分伴随式构造一个特定的译码多项式,作为错误位置多项式,其根为错误位置数;

3)求解错误位置多项式的根,得到错误位置,对二进制码即可纠错。

(4)RS 码

定义在 $GF(q)(q>2)$ 上,码长 $n=q-1$ 的本原 BCH 码为 RS 码(Reed－Soloman code)。因此 RS 码是非二进制 BCH 码的特殊子集,其码字符号取值域与生成多项式的根所在域相同，均在 $GF(2^m)$ 上。这种码主要用于纠正突发错误。

RS 码可由下列形式的生成多项式生成：

$$g(x)=(x+\alpha)(x+\alpha^2)\cdots(x+\alpha^{2t}) \tag{3-18}$$

用以纠正 t 个符号错误，其中，α 为 $GF(2^m)$ 的本原元素。RS 码有如下参数：

码长	$n=2^m-1$ 符号	或 $m(2^m-1)$ 比特
信息段	k 符号	或 km 比特
监督段	$n-k=2t$ 符号	或 $m(n-k)$ 比特
最小码距	$d=2t+1$ 符号	或 $m(2t+1)$ 比特

在某些情况下，如果不能找到一种比较合适的码长或信息位个数，则可把某一 (n,k) 码进行缩短以满足要求。$(n-i,k-i)$ 缩短码是 (n,k) 码缩短 i 位得到的，其码率比原码要小，但纠错能力不比原码强。

信息集中在码字的高 $(n-2t)$ 位的系统 RS 码的编码较为简单。在时域编码时，首先确定 $GF(2^m)$ 上一个本原元素 α，构成生成多项式：

$$g(x)=(x+\alpha)(x+\alpha^2)\cdots(x+\alpha^{2t})$$

设待编码的信息码组为 $(m_{n-2t-1},m_{n-2t-2},\cdots,m_0)$ 构成信息码多项式

$$m(x)=m_{n-2t-1}x^{n-2t-1}+m_{n-2t-2}x^{n-2t-2}+\cdots+m_1x+m_0$$

把 $m(x)$ 升幂为 $x^{2t}m(x)$ 再除以 $g(x)$，所得余式是一个 $(2t-1)$ 次多项式：

$$x^{2t}m(x)\equiv r(x) \quad 模\ g(x)$$

将 $r(x)$ 置于 $x^{2t}m(x)$ 后，得到的：

$$c(x)=x^{2t}m(x)+r(x) \tag{3-19}$$

能被 $g(x)$ 除尽，是一个可用码字。

RS 码的频域实现就更简单了。选定 $GF(2^m)$ 中的一个 n 阶元 w，把 $(n-2t)$ 各信息位分量填充在谱矢量的高 $(n-2t)$ 位上，而令低 $2t$ 位谱分量为 0，然后把这个谱矢量作傅立叶逆变换，就得到一个 RS 码的码矢。

RS 码作为多进制 BCH 码，BCH 码的译码算法原则上可以使用与 RS 译码，与 BCH 码相比，RS 译码需要多一个步骤，即在求解错误位置多项式的根得到错误位置后，还要计算出错误值，BCH 译码时只有一个错误值，在 RS 码中则有 2^m-1 种可能的值。

3.3.2 卷积码

前面所讨论的分组码是把 k 个信息码元的序列编成 n 个码元的码组在信道上传输，每个码组的 $(n-k)$ 个校验元仅与本组的 k 个信息码元有关而与其他码组无关。分组码译码时，也仅从本组码中提取有关译码信息。为了增加纠错能力，必须增加冗余度，因此分组码的码组长度通常都比较大，从而使编译码设备的复杂程度和延时增加。

卷积码在1955年由Elias发明，与分组码不同的是，它虽然也在信息码元序列中引入冗余，但不再把独立的码组视为码字，而是对连续的信息码元流进行运算形成码字。实际上，在卷积编码过程中，k 个信息码元被编成 n 个信息码元，但这 n 个码元不仅与本组的 k 个信息码元有关，而且与前面 $(K-1)$ 组信息码元有关，编码过程中互相关联的码元为 Kn 个。同样在卷积码的译码过程中，不仅从当前时刻收到的码组中提取有关信息，还要利用以前或以后各时刻收到的码组提取有关信息。正是由于卷积码充分利用了各组之间的相关性，另外也由于其 k 和 n 较小，因此在相同的编码效率和复杂程度下，卷积码的性能优于常见分组码。但卷积码没有分组码那样严密的数学结构和数学分析手段，目前大多靠计算机搜索好码。

(1)卷积码的基本概念

对于每组输入 k 比特输出 n 比特的卷积码，通常表示为 (n,k,K)，其中 K 称约束长度，编码效率 $R_c=k/n$。(n,k,K) 卷积码可用有限个状态的线性移位寄存器来产生，这个移位寄存器包括 K 段移位寄存器，每段有 k 级，共 Kk 级寄存器，以及 n 个模2和相加器，如图3－8所示。

在第 i 个时间单元里，一组新的 k 个比特信息序列 $m_i^{(1)},m_i^{(2)},\cdots,m_i^{(k)}$ 输入到编码器中，存储在寄存器中的每段信息向右移位 k 位至另一段寄存器。新输入的 k 比特信息序列与前面 $(K-1)$ 个时间单元送入的 $(K-1)k$ 个信息比特按一定的规律进行模2加，转换开关按顺序对各个模2加法器取样，产生 n 个输出编码序列 $c_i^{(1)},c_i^{(2)},\cdots,c_i^{(n)}$ 传送到信道中去。当第 n 个码元 $c_i^{(n)}$ 产生完毕后，下一个输入序列 m_{i+1} 接着进入移位寄存器第一段，从而使所有其他段存储信息

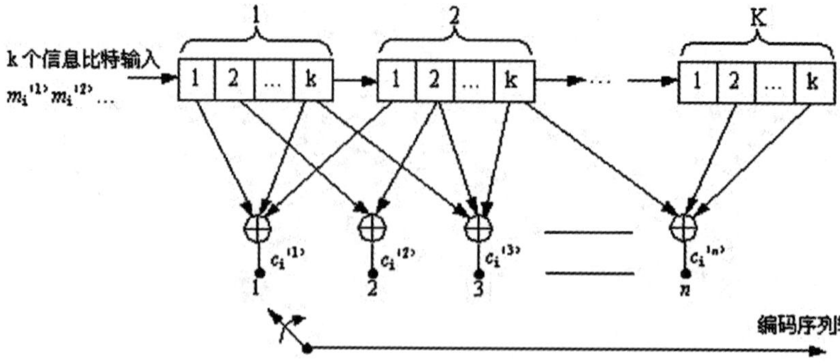

图 3—8 卷积编码器

都向右移动 k 位，并且编码器的最后一段数据因移出而消失。这时转换开关再对 n 个模 2 加法器按顺序取样，产生另一个输出序列 $c_{i+1}^{(1)}, c_{i+1}^{(2)}, \cdots, c_{i+1}^{(n)}$ 传送到信道中去。这一过程一直持续下去，直到最后一位数字序列进入移位寄存器为止。

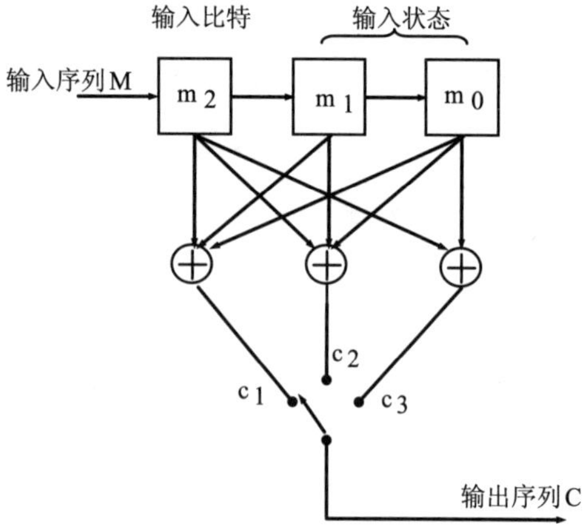

图 3—9 (3,1,3)卷积编码器

在卷积编码器中，移位寄存器的各级与模 2 加法器的连接关系可用 n 个生成多项式表示。多项式的系数表示某个模 2 加法器与各级寄存器的连接关系，“1”表示连接，“0”表示不连接。如图 3—9 所示的(3,1,3)卷积编码器中的 3 个生成多项式分别为：$g_1=1+x+x^2$，$g_2=1+x+x^2$，$g_3=1+x^2$，生成多项式也可用 Kk 维矢量或八进制数表示，在本例中，$g_1=(111)=(7)_8$，$g_2=(111)=(7)_8$，$g_3=(101)=(5)_8$。

卷积码可以方便地用网格图描述，该图根据时间的推进来反映状态的转移，如图3—10所示，图中节点代表状态，实线表示输入比特为 0 的支路，虚线表示输入比特为 1 的支路，支路旁边标注的数字为输出码字。网格图对描述下面将要介绍的维特比译码算法有重要意义。

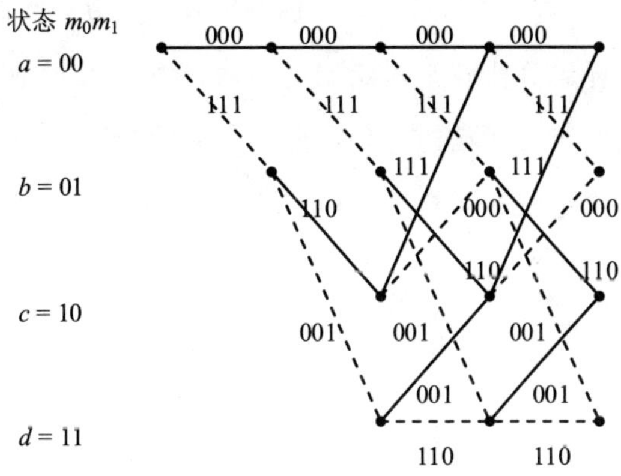

图 3－10　图 39 编码器的网格图

(2)卷积码的维特比译码

卷积码的译码有维特比译码、序列译码和门限译码等方式。经证明，对任何卷积码来说，维特比译码器的输出就是信息数字的估值序列，与接收到的序列有最大的相似性，即维特比译码器是最佳的。维特比(Viterbi)译码算法自 1967 年提出以来，在各种数字传输系统中特别是卫星通信系统中得到了极为广泛的应用。下面将介绍这种译码算法。

卷积编码系统模型如图 3－11 所示，输入信息序列 M 经卷积编码后的输出序列 C 也即发送序列，经有噪声的无记忆信道传输到达译码器时变成了序列 R。译码器通过对接收序列 R 进行考察，判定出长度为 L 的 2^L 个可能发送的序列中究竟哪一个进入了编码器，从而输出一个译码序列 $\hat{M}$。

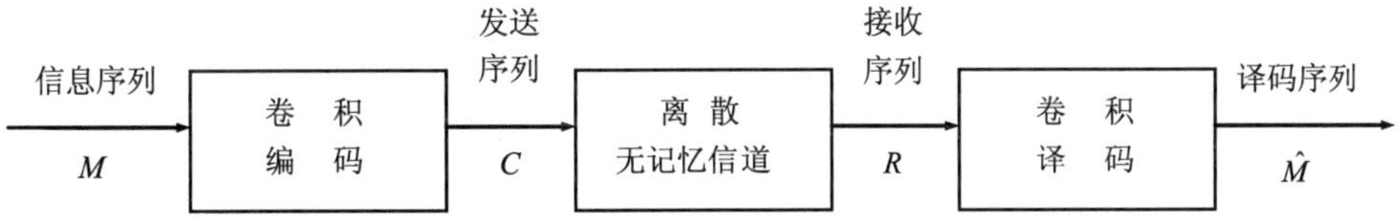

图 3－11　卷积编码系统模型

维特比译码算法是以最大似然译码为基础的。一个译码器的译码规则若能在 2^L 个可能发送的码字中选择其中一个 C_i 使 $P(R/C_i)$ 为最大，则称这种译码规则为最大似然译码。$P(R/C_i)$ 是发送编码序列为 C_i 而收到的序列为 R 的条件概率，称为似然函数，$i=1,2,\cdots,2^L$，称 $\lg P(R/C_i)$ 为对数似然函数。因此，卷积码的最大似然译码算法就是对给定的接收序列求其对数似然函数的累加值为最大的路径。对于二元信道，可以证明：求最大对数似然函数就相当于求 C 和 R 两个序列的最小汉明距离。卷积译码器中，通常把可能的译码序列与接收序列之间的汉明距离称为量度。

维特比译码算法是一种实用的卷积码最佳译码方法，它将接收序列 R 与网格图上的路径逐分支地进行比较，留下与 R 距离最小的路径，称为幸存路径，并删除其余可能的路径。这些幸存路径逐分支地延长并存储起来，幸存路径的数目等于状态数。这样进行下去，直到接收到已知结束信息后，网格图中将留下唯一的一条幸存路径，这就是译码所得路径。由于较早地丢弃了那些不可能的路径，从而减轻了译码计算量。这正是维特比译码的基本思路。对于(n,k,K)卷积码，维特比译码的具体步骤如下：

1)以全0状态为起点，至第 $j=k$ 个时刻以前，译码器计算所有长为 j 级分支的部分路径量度，对进入 $2^{k(K-1)}$ 个状态的每一条路径都保留。

2)从第 $j=k$ 个时刻开始，对进入每一状态的 2^k 个长为 j 级分支的部分路径进行计算，选择具有最小量度的路径为幸存路径并储存其部分量度值，同时删去其余路径。若出现两条路径量度相等的情况，可任选其中一条为幸存路径。幸存路径前向延伸一级，共存储 $2^{k(K-1)}$ 条路径及其路径量度值。

3)j 增加1，重复步骤2)的“加—比—选”操作，直至 $j=(L+K-1)$，其中 L 为信息序列长度。为迫使编码器回到全0状态并使译码器从 $2^{k(K-1)}$ 条幸存路径中选择出译码所得路径，还须向编码器再送入$(K-1)$段已知序列如全0序列作为结束信息。

维特比译码并不能纠正所有可能发生的错误，当错误模式超出卷积码的纠错能力时，译码后的输出序列将带有错误。

维特比译码方法分为硬判决和软判决译码两种。以最小汉明距离为量度的方法称为硬判决维特比译码，这种方法适用于二元对称信道。为了充分利用信道输出信号的信息，提高译码可靠性，往往把解调器输出的信号进行 Q 电平量化，$Q>2$，然后再输入到维特比译码器进行译码，这种方法称为软判决维特比译码。它适用于一般的离散无记忆信道。如前所述,对硬判决维特比译码器,计算和寻找有最大似然函数的路径等价于寻找与 R 有最小汉明距离的路径。而对于 Q 进制输入的软判决维特比译码器来说,就必须计算和寻找有最大似然函数的路径。为便于实现,通常采用整数来表示对数似然函数。实际上,由于软判决维特比译码器的结构并不比硬判决的复杂,但其误码性能与硬判决相比却要好 2—3dB,因此目前实用的维特比译码器几乎都采用软判决。经证明,在编码效率 R_c 和 E_b/N_0 一定的条件下,软判决维特比译码的误比特率随着量化电平 Q 值的增加而下降,但量化比特数超过了 3 比特时性能改善将趋于饱和。因而软判决时采用 3 比特 8 电平均匀量化即可,这时基本上达到了最大似然译码性能。

(3)删除型卷积码

由于卷积码译码器的复杂性随 $2^{k(K-1)}$ 指数增长,所以一般采用 $k=1$ 的(2,1,K)卷积码,其码率较低。但在传输速率较高的应用中,需要采用编码效率高的卷积码,并且又不致使译码器的复杂性增加,解决的方法常常是把(2,1,K)卷积码进行删除,删除型卷积码的性能与最佳的原始码性能接近。

删除型卷积码就是通过周期地删除低效率卷积编码器输出中的某些符号而实现的高效率编码。删除的基本原理与分组码大致相同,对(2,1,K)码的码字中某些特定位置的码元进行删除,在接收端译码时,再用特定的码元在这些位置进行填充,然后输入给(2,1,K)码的维特比译码器译码。从编码效率为 $1/n$ 的卷积码产生 $(n-1)/n$ 码率的删除型卷积码的方法如下:

1)将信息元以 $(n-1)$ 位分组,并输入给(2,1,K)卷积编码器,因而可将(2,1,K)编码器输出的码字看成 $[2(n-1), n-1, K]$ 卷积码的码字。

2)在码字中的每 $2(n-1)$ 个码元中,删除特定位置的 $n-2$ 个码元,并发送剩下的 n 个码元,这样就得到了编码效率为 $(n-1)/n$ 的码字。其中,输入编码器的信息元为:

$$(m_1, m_2, \cdots, m_{n-1}, \cdots)$$

编码器输出的码字为:

$$\begin{bmatrix} c_{11}, & c_{21}, & \cdots, & c_{(n-1)1}, & \cdots \\ c_{12}, & c_{22}, & \cdots, & c_{(n-1)2}, & \cdots \end{bmatrix}$$

若删除的码元位用 x 表示为：

$$\begin{bmatrix} c_{11}, & x, & \cdots, & x, & c_{(n-1)1}, & \cdots \\ c_{12}, & c_{22}, & \cdots, & c_{(n-1)2}, & x, & \cdots \end{bmatrix}$$

则发送的$(n,n-1,K)$码的一个码字为：

$$(c_{11},c_{12},c_{22},\cdots,c_{(n-2)2},c_{(n-1)1},\cdots)$$

从$(2,1,K)$码产生$(n,n-1,K)$删除型卷积码的编码器和维特比译码器框图如图3－12所示。图中删除矩阵有 2 行 $n-1$ 列，元素为 0 或 1，分别对应于$(2,1,K)$编码器输出的相应码元删除或保留。如图(b)所示，接收端收到删除型卷积码的码字，根据删除矩阵在相应发端的删除位置上填充了特定的虚假码元后，送至$(2,1,K)$码的维特比译码器，译码器译码时禁止对这些虚假码元进行量度计算，从而使删除型卷积码的译码可按照普通的$(2,1,K)$码的维特比译码方法进行。可见，删除码的维特比译码复杂程度与$(2,1,K)$码的译码复杂程度相当。利用这种删除方法，可以使 1/2 码率的维特比译码器能工作在 2/3、3/4、4/5 等码率上。目前的维特比译码器芯片几乎都是这种多码率芯片，以适应更广的应用范围。

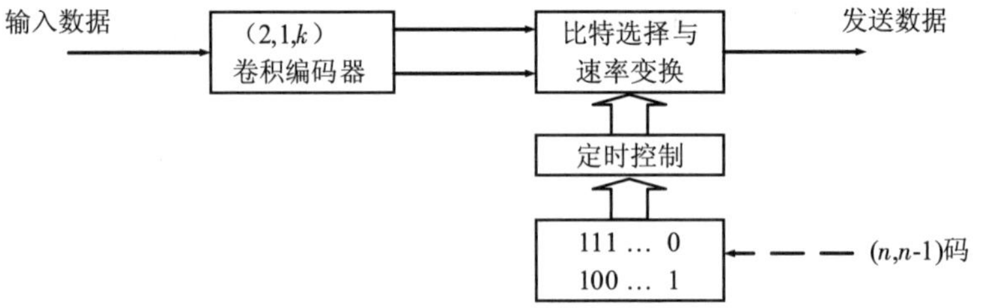

（a）编码器

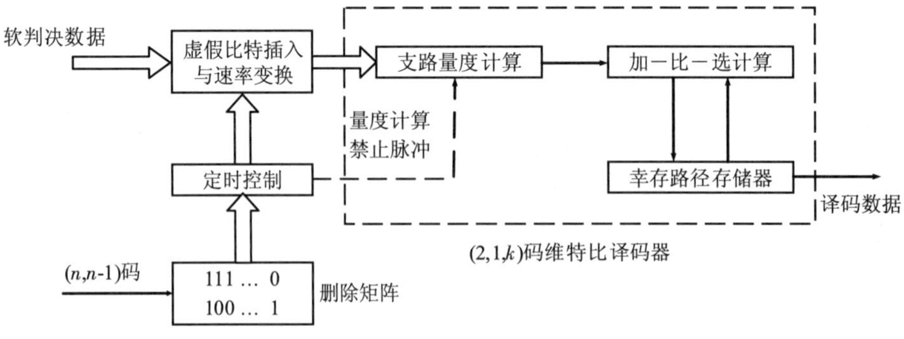

（b）译码器

图 3－12　$(n,n-1,K)$删除型卷积码系统框图

3.3.3　级联码概念

信道编码定理指出，随着码长的增加，译码错误概率将按指数接近于零。因此，为了使码有效，就必须使用长码。但是，随着码长的增加，在一个码组中要求纠错的数目也相应增加，译码器的复杂性和计算量也相应增加以至难以实现。为解决性能与设备复杂性的矛盾，可以通过构造级联码，把编制长码的过程分为两级完成。应用两级级联码的差错控制系统如图3—13所示。

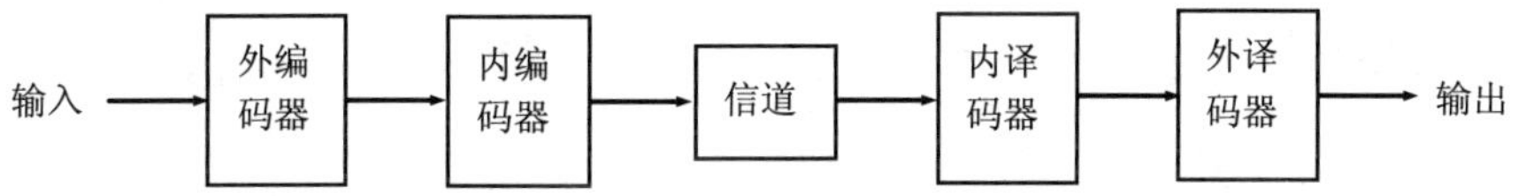

图3—13　利用级联码的差错控制系统

由图3—13可见，级联码由内码和外码组成，外码通常采用分组码，内码既可以采用分组码也可以采用卷积码。当信道产生少量的随机错误时，通过内码就可以纠正；当产生较长的突发错误或随机错误很多，以至超过内码的纠错能力，则内译码器产生错译，输出的码字有几个错误，但这仅相当于外码的几个符号错误，外码译码器能够较容易地纠正。理论分析和计算机模拟表明，在高斯白噪声信道中，外码用RS码（一种重要的分组码），内码用卷积码并用维特比译码（一种有效而实用的卷积码译码法），能够获得很大的编码增益，特别适合于卫星信道。

3.3.4　LDPC码

根据信道编码定理，随着随机编码长度的增加，译码错误概率可接近为零，但随机长码的构造和译码难以实现。

1962年，Gallagcr提出了低密度奇偶校验码（Low Density Parity Check Code，LDPC码），证明该码是一种最小距离次优的好码，并提出了迭代概率译码算法，由于当时技术条件所限，该码不实用，所以之后30年并没有得到重视，只有少数研究者关注过，如1981年Tanner从图论的角度研究过LDPC码。1993年C. Berrou等人提出了全新的Turbo码方案，将两个卷积码和随机交织器巧妙地结合在一起来构造具有伪随机性的长码，并且采用了基于状态转移图的迭代译码方法，获得了接近香农极限的译码性能。1996 年 Mackay 等人对 LDPC 码进行了重新发现，该码也是一种接近香农极限且可实现的长码，一系列深入研究表明，与 Turbo 码相比，LDPC 码具有设计更为系统化、纠错性能更强、译码硬件实现更简单等优点，使得 LDPC 码在信道条件较差的无线通信中展现出了巨大的应用前景，并在广播电视传输和无线通信领域中获得应用。

(1)LDPC 码基本概念

LDPC 码是采用稀疏校验矩阵的线性分组码，也就是其校验矩阵 H 中，每行和每列中 1 的个数相对于矩阵大小来说很少。LDPC 码分为规则 LDPC 码和不规则 LDPC 码。

Gallager 定义的规则 LDPC(n,p,q)码，码长为 n，校验矩阵$(n-k)=m$ 行 n 列，k 为信息比特数，m 为校验比特数。H 矩阵特性如下：①每行 1 的个数即行重为 p，；②每列 1 的个数即列重为 q；③任何两列同为 1 的行数不大于 1；④与 H 的维数相比 p 和 q 都很小。如 LDPC(20,3,4)码的校验矩阵如下式所示：

$$H=\begin{bmatrix}
1&1&1&1&0&0&0&0&0&0&0&0&0&0&0&0&0&0&0&0\\
0&0&0&0&1&1&1&1&0&0&0&0&0&0&0&0&0&0&0&0\\
0&0&0&0&0&0&0&0&1&1&1&1&0&0&0&0&0&0&0&0\\
0&0&0&0&0&0&0&0&0&0&0&0&1&1&1&1&0&0&0&0\\
0&0&0&0&0&0&0&0&0&0&0&0&0&0&0&0&1&1&1&1\\
1&0&0&0&1&0&0&0&1&0&0&0&1&0&0&0&0&0&0&0\\
0&1&0&0&0&1&0&0&0&1&0&0&0&0&0&0&1&0&0&0\\
0&0&1&0&0&0&1&0&0&0&0&0&0&1&0&0&0&1&0&0\\
0&0&0&1&0&0&0&0&0&0&1&0&0&0&1&0&0&0&1&0\\
0&0&0&0&0&0&0&1&0&0&0&1&0&0&0&1&0&0&0&1\\
1&0&0&0&0&1&0&0&0&0&0&1&0&0&0&0&0&1&0&0\\
0&1&0&0&0&0&1&0&0&0&1&0&0&0&0&1&0&0&0&0\\
0&0&1&0&0&0&0&1&0&0&0&0&1&0&0&0&0&0&1&0\\
0&0&0&1&0&0&0&0&1&0&0&0&0&1&0&0&1&0&0&0\\
0&0&0&0&1&0&0&0&0&1&0&0&0&0&1&0&0&0&0&1
\end{bmatrix} \tag{3-20}$$

不规则 LDPC 码中每行和每列 1 的个数不固定，且 H 中 1 的总和不多，这样增加了 LDPC 码机构的灵活性，能够优化 1 在行和列中的分布从而改进性能。通常不规则 LDPC 码性能要比规则 LDPC 码好。

(2)Tanner 图

LDPC 码的校验矩阵通常用 Tanner 图描述。Tanner 图由两个节点集合组成，n 个变量节点对应 H 的各列，$n-k$ 个校验节点对应 H 的各行。如果一个变量节点出现在一个校验方程中，那么该节点一定有一条边连接到相应的校验节点，因此每个校验节点会相连到 p 个变量节点，每个变量节点会相连到 q 个校验节点。

Tanner 图中，路径定义为由一组节点和边交替组成的有限序列，序列起始于节点并终止与节点，每个节点之多在序列中出现一次。路径中的边的数量成为路径长度。当路径的起点和终点重合时，路径形成回路，成为环。环对应的路径长度为 t，称为长为 t 的环。

图 3－14 所示为 H 的 Tanner 图。

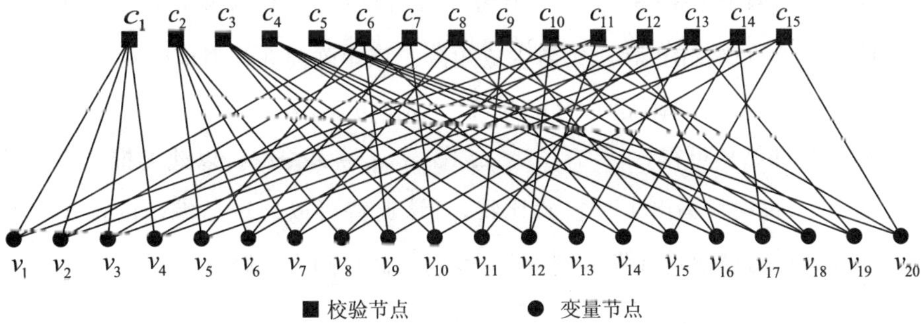

图 3－14　式(3－20)中的 LDPC(20,3,4)码的 Tanner 图

(3)LDPC 码的构造和编码

由 LDPC 码的概念可知，设计 LDPC 码是从构造稀疏的 H 矩阵开始的。基本方法是将一个全零矩阵的一小部分元素替换为 1，使得替换后的矩阵各行和各列矩阵具有所要求数目的非零元素。研究表明，为了使构造出的 LDPC 码具有良好性能，须满足无短环、无低码重码字和尽可能大的码距这三个条件。获得校验矩阵 H 后，就可以根据 H 进行编码了。

由校验矩阵 H 导出生成矩阵 G 的编码方法，是基本的 LDPC 码编码方法，但该方法的复杂度会随着码长平方的增大而增加，长码时不实用。对于实用的编码方法，如果 LDPC 码的校验矩阵具有下三角或近似下三角的形式，则可以在计算校验位时采用迭代或部分迭代算法，从而产生更为常用的编码方法，如 LU 分解算法和部分迭代算法。LU 分解算法中，先得到 $H=[H_1 \quad H_2]$的形式，其中 H_2 为 $m\times m$ 方阵，对 H_2 进行 LU 分解得到下三角形式，然后进行迭代编码运算。部分迭代算法中，将 H 化为右上角或左上角具有下三角形式的矩阵，再对 H 和码子向量进行分块，然后进行部分迭代编码。

如果在 LDPC 码的构造中引入某种方便编码的结构，并且这样的结构又不影响其性能，那么这样的编码方法也是可行的。如 DVB－S2 标准采用了重复累加设计法构造的不规则结构，可以使 LDPC 码具有系统化特征并且译码更容易。下面举例介绍这种码的构造和编码方法。

根据重复累加法设计的 H 矩阵中，后 m 列的列重为 2，前 $k=n-m$ 列的列重则根据具体情况而定，并且具有双对角下三角结构。一个 LDPC(12，3)分组码的校验矩阵 H 如下式所示，H 的前 3 列列重为 3，后 9 列列重为 2，该校验矩阵可以分解为两个子矩阵，其中一个为双对角线矩阵，利用该双对角线矩阵可以直接用于校验比特的编码，无需生成矩阵。该矩阵前 3 列对应信息比特，后 9 列对应校验比特，设编码后的码字为 $\mathrm{A}=[a_1 a_2 a_3 a_4 a_5 a_6 a_7 a_8 a_9 a_{10} a_{11} a_{12}]$，从该 H 矩阵的特殊结构可得，$a_4=a_1$，$a_5=a_4 \oplus a_1$，$a_6=a_5 \oplus a_2$，以此类推。因此该方法编码时，每次只编出 1 位校验比特，且该比特可以通过已编出的前 1 位校验比特和 1 位信息比特计算得到，所需编码存储空间大大降低。

$$H=\begin{bmatrix}1&0&0&1&0&0&0&0&0&0&0&0\\1&0&0&1&1&0&0&0&0&0&0&0\\0&1&0&0&1&1&0&0&0&0&0&0\\0&0&1&0&0&1&1&0&0&0&0&0\\0&0&1&0&0&0&1&1&0&0&0&0\\0&1&0&0&0&0&0&1&1&0&0&0\\1&0&0&0&0&0&0&0&1&1&0&0\\0&1&0&0&0&0&0&0&0&1&1&0\\0&0&1&0&0&0&0&0&0&0&1&1\end{bmatrix}$$

(4)LDPC码的译码

由 Gallager 提出的译码方法发展出的多种 LDPC 译码方法，本质上都是基于 Tanner 图的消息传递迭代译码算法。其中的置信传播(BP)译码算法又称和积算法(SPA)，每个变量节点接收信道的软输出，然后计算该节点值为 1 或 0 的概率，并将这些概率沿着 Tanner 图的边传递给相连接的检查节点；在检查节点基于这些概率计算出使该节点校验式满足的概率，并传递回相应的变量节点，用于对变量节点值为 1 或 0 的概率进行更新，这一过程迭代进行，直至变量节点得到最终结果。

下面介绍这种算法。

设 LDPC 码的码长为 n，信息位长 k，校验位长 $m=n-k$。设解码器软输入为 $Y=[y_1y_2\cdots y_n]=[(x_1+w_1)(x_2+w_2)\cdots(x_n+w_n)]=X+W$，其中 X 是信道输入矢量，其元素二进制电平取值$\pm a$，W 是信道噪声矢量，均值为 0，方差为 σ^2。译码过程就是寻找使得 $HX^{\mathrm{T}}=0$ 成立的最可能矢量 X，其似然函数表示为：

$$f(X)=\prod_i f_i^{x_i} \tag{3-21}$$

其中，$f_i^{x_i}$ 是信道输出的 X 各元素的似然值，f_i^1 为译码为 1 的似然，f_i^0 为译码为 0 的似然，有：

$$f_i^1=1/(1+\exp(-2ay_i/\sigma^2)),\quad f_i^0=1-f_i^1 \tag{3-22}$$

算法包括两个交替的迭代步骤，与 H 中非 0 元素有关的变量 q_{ij}^x 和 r_{ij}^x 分别在这两个步骤中交替更新。以如图 3－14 所示的 Tanner 图为例进行说明，q_{ij}^x 是给定校验节点 c_j 以外的其他校验节点信息下变量节点 v_i 状态为 x(1 或 0)的概率，r_{ij}^x 是与校验节点 c_j 连接的变量节点中 v_i 状态为 x(1 或 0)、其他变量节点状态给定下的使校验式 j 满足的概率。算法步骤如下：

步骤一，初始化：将 q_{ij}^0 和 q_{ij}^1 分别初始化为 f_i^0 和 f_i^1。

步骤二，迭代过程：

• 水平步骤：定义 $\delta q_{ij}=q_{ij}^0-q_{ij}^1$，对所有 i、j 计算：

$$\delta r_{ij}=\prod_{i'\in N(j)\backslash i}\delta q_{i'j} \tag{3-23}$$

$$r_{ij}{}^0=1/2(1+\delta r_{ij}),r_{ij}^1=1/2(1-\delta r_{ij}) \tag{3-24}$$

其中，$N(j)\backslash i$ 为参与校验式 j 的不包括节点 v_i 的其他信息节点集合。

• 垂直步骤：对 $x=0$、1 和所有 i、j 更新：

$$q_{ij}^{x} = \alpha_{ij} f_{i}^{x} \prod_{j' \in M(i) \backslash j} r_{ij'}^{x} \tag{3-25}$$

其中，$M(i)\backslash j$ 表示参与信息节点 v_i 的集合中除去校验节点 c_j，因子 α_{ij} 的选择，应使 $q_{ij}^0+q_{ij}^1=1$。

• 尝试译码：按下式计算比特 i 的伪后验概率：

$$q_{i}^{x} = \alpha_{i} f_{i}^{x} \prod_{j \in M(i)} r_{ij}^{x} \tag{3-26}$$

其中因子 α_i 的选择应使 $q_i^0+q_i^1=1$。q_i^x 用来判定 x_i 在这次迭代结束时是 0 或 1 的可能概率，从而得到当前译码 x_i，当所有比特被译出后，得到译码矢量 $X=[x_1 x_2 \cdots x_n]$。

步骤三，尝试判决算法：如果 $HX^{\mathrm{T}}=0$ 成立，那么译码结束，否则返回步骤二开始下一轮迭代。如果超过预定的迭代次数，还未达到满足条件的译码结果，则译码失败。

3.3.5 扰码

扰码也称随机化处理，即用较长的伪随机序列与数字基带信号序列一个比特一个比特地模 2 加，以改变原信号的统计特性，使其具有伪随机性质；在接收端，则用相同的伪随机序列与解调出的数字基带信号序列按发端相同的规律模 2 加，从而恢复出原来的数字序列，这一过程称为“解扰”。完成扰码和解扰的电路相应地称为扰码器和解扰器。

扰码的作用是改善位定时恢复质量。一般数字传输系统都从接收到的基带信号流中提取位定时信息，当信源输入数据中出现长串的连“0”码或连“1”码时，则基带信号可能会出现长时间的 0 电位或 1 电位，这将给接收端恢复位定时信息造成一定困难。减少连“0”码或连“1”码以保证位定时恢复质量，是数字信号传输的一个重要问题。用伪随机序列扰乱后，可以限制连“0”码和连“1”码的长度，从而改善位定时恢复的质量。

(1)m 序列

伪随机序列是一种类似噪声的(但是确定的)周期性序列，它既包括最大长度线性反馈移位寄存器产生的 m 序列，也包括一些非最大长度线性反馈移位寄存器序列和许多其他的由各种特别方法产生的序列。由于 m 序列具有很好的伪噪声性质，并且产生方法比较简单，所以受到广泛应用。

下面介绍 m 序列的产生及有关性质。

m 序列是一种最常用的伪随机序列，它是最长线性反馈移位寄存器序列的简称，即 m 序列是由带线性反馈的移位寄存器产生的序列，并且具有最长的周期。

对于线性反馈移位寄存器，当设定各级寄存器的初始状态时，在时钟触发下，每次移位后各级存储器状态会发生变化。观察其中某一级寄存器(通常是末级)的输出，随着移位时钟节拍的推移，会产生一个周期性序列，其周期不但与移位寄存器的级数有关，而且与线性反馈逻辑有关。在相同级数情况下，采用不同的线性反馈逻辑所得到的周期长度不同。

一般说来，一个 n 级反馈移位寄存器可能产生的最长周期为(2^n-1)。事实上，n 级移位寄存器共有 2^n 种可能出现的状态，而在产生线性反馈移位寄存器序列时是禁止出现全 0 状态的，一旦出现全 0 状态则以后的序列恒为 0。因此，只要移位寄存器的初始状态不是全 0，就有可能得到周期长度为(2^n-1)的序列。

n 级线性反馈移位寄存器的一般结构如图 3—15 所示，它是这样构成的：取出移位寄存器的某几级的输出与反馈系数相乘后，再进行模 2 加运算，并把模 2 加结果反馈到移位寄存器输入端。图中，$(a_{n-1},a_{n-2},\cdots,a_1,a_0)$为移位寄存器的初始状态，$c_i(i=0,1,\cdots,n)$为反馈系数，表示反馈线的连接状态，$c_i=1$ 表示此线连通(参加反馈)，$c_i=0$ 表示此线断开。这种寄存器输出的序列由反馈系数和初始状态决定，根据图中所示可以得到移位寄存器左端输入 a_n 如下：

$$a_n = c_1a_{n-1} + c_2a_{n-2} + \cdots + c_{n-1}a_1 + c_na_0 = \sum_{i=1}^{n} c_ia_{n-i} \quad (\text{模 } 2) \tag{3-27}$$

对于任意一状态 a_k，有：

$$a_k = \sum_{i=1}^{n} c_ia_{k-i}, \quad k \geqslant n \quad (\text{模 } 2) \tag{3-28}$$

上式表示出移位输入 a_k 与移位前各级状态的关系，称为递推方程。

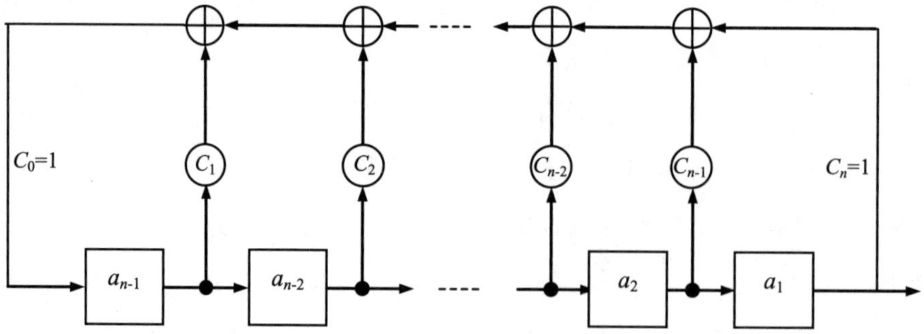

图 3－15　n 级线性反馈移位寄存器

n 级线性反馈移位寄存器是否只产生一种具有周期 $m=2^n-1$ 的序列，将取决于它的反馈系数。通常定义一个 n 阶多项式

$$f(x)=c_0+c_1x+c_2x^2+\cdots+c_nx^n=\sum_{i=0}^{n}c_ix^i \quad (\text{模 } 2) \quad (3-29)$$

我们称 $f(x)$ 为特征多项式，式中 x^i 与移位寄存器的第 i 个寄存器相对应，x 本身取值并无实际意义，无需计算。按特征多项式，可以构造出线性反馈移位寄存器。

理论分析表明，如果 $f(x)$ 是本原多项式，则由 $f(x)$ 产生的所有序列都具有最大周期 $m=2^n-1$。一个 n 次多项式 $f(x)$ 如果满足下列条件，则可以称为本原多项式：

①$f(x)$ 为不可分解的；

②$f(x)$ 可整除 (x^m+1)，$m=2^n-1$；

③$f(x)$ 除不尽 (x^q+1)，$q<m$；

只要找到本原多项式，就能由它构成 m 序列产生器。经前人大量计算，常用的本原多项式可以列成表备查。为了使 m 序列产生器的组成尽量简单，希望使用项数最少的本原多项式。例如，只有三项的本原多项式所构造的 m 序列产生器，只需使用一个模 2 和加法器。

下面简要介绍 m 序列的一些重要性质。

①周期性：由 n 级线性反馈移位寄存器产生的 m 序列，其周期为 2^n-1。

②平衡性：在 m 序列的一个周期中，有 2^{n-1} 个"1"和 $2^{n-1}-1$ 个"0"，这是因

为，n 级线性反馈移位寄存器的各种可能出现的不同状态，均会在 m 序列的一个周期中出现，而且只出现一次。

③ 游程分布：一个序列中一组相连的相同码元称为游程，一个游程中的码元个数称为游程长度。在 m 序列的每个周期中，长度为 1 的游程数占游程总数的一半；长度为 2 的游程数占 1/4；长度为 3 的游程数占 1/8，依此类推。

④移位相加性：一个 m 序列与其任意一个循环移位的序列的模 2 和，仍然是原始序列的另一个循环移位序列，并且它的状态与前面两个序列的状态都不同。

⑤自相关函数：由于 m 序列具有周期性，因此其自相关函数也有周期性，周期也是 m。如果把移位寄存器的(0,1)序列中的每个“0”、“1”分别用“＋1”、“－1”取代，经计算这种 m 序列波形的连续自相关函数 $R(\tau)$ 接近于随机信号的自相关特性。

如果对白噪声取样，取样值为正记为“＋”，取样值为负记为“－”，则取样所得的极性序列是一个随机序列。m 序列与该随机序列在平衡性、游程分布、自相关特性上极为相似，因此把 m 序列看作伪随机序列或伪噪声序列。但具有或基本具有上述伪随机性质的还有一些其他序列，只是应用没有 m 序列广泛，在此不多讨论。

(2)扰码和解扰的实现

常用的一种扰码器与解扰器结构如图 3－16 所示。其中虚框是伪随机序列发生器，“P”代表所产生的伪随机序列。伪随机序列的产生是与输入信号序列不相关的。扰码器与解扰器有相同的形式，产生相同的伪随机序列。

对于扰码器，输入序列为“S”，输出序列为“G”，满足如下关系

$$G = S \oplus P \tag{3-30}$$

对于解扰器，输入序列为“G”，输出序列为“R”，满足如下关系

$$R = G \oplus P = S \oplus P \oplus P = S \tag{3-31}$$

在上面这种加解扰方法中，要求接收端的伪随机序列产生器与发送端的伪随机序列产生器同步工作。

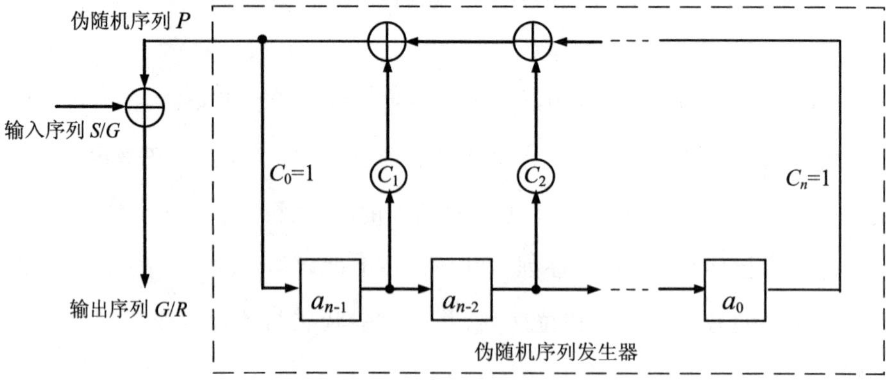

图 3－16　扰码器与解扰器

3.3.6　卷积交织

(1)交织的基本概念

实际信道中产生的错误往往是随机错误与突发错误并存的。随机错误是由于随机噪声(如白噪声等)引起的,在统计上是独立的。我们前面所介绍的纠错编码就是属于纠这类错误的码。而突发错误往往是由脉冲干扰、多径衰落等因素引起的,在统计上是非独立的。这种组合信道对纠错编码技术提出了更进一步的要求。对于突发错误可以采用专门为纠正突发错误而设计的纠错码,如RS码,但是对于较长的突发错误,如果与交织技术结合起来,把突发错误离散为随机的独立错误,再用纠随机错误的码纠错,则能取得明显的效果。

什么是交织技术呢？假设所传输的每个数据码字有 N 个时隙,连续的时隙不能被认为是独立的,但是如果在传输前将时隙重组,这样属于同一码字的 N 个时隙将不再连续传输,当它们以足够大的时间间隙传输后,这 N 个时隙中的每一个的幅度和相位在衰落过程的时间变化中将是相互独立的,因而具有抗突发错误的能力。这种重新组合序列的方法称为交织,由交织构造出来的编码称为交错码。从某种意义上说,交织技术是一种时间分集技术,然而通过时间分集达到独立则需要付出时延的代价。采用交织技术的前向纠错系统框图如图3－17所示。

图3—17 采用交织技术的前向纠错系统框图

已编码的数据经交织处理后被重新排列并在信道中传输,在接收端经解调后,去交织器通过相应的算法将数据序列还原,然后送至译码器译码。经交织和去交织处理后,信道中长突发错误在时间上扩散开来,错误的相关性减小,并且交织深度越大,则离散度越大,因而可以用纠随机错误或纠较短突发错误的码来纠错。由于交织深度足够大的交错码对信道干扰的统计特性并不敏感,且由于所应用的纠错码一般都能用较简便的方法译码,所以上述优点使得交织技术在实际信道如短波、散射、有线等有记忆信道的前向纠错系统中得到了非常广泛的应用。下面介绍两种常用的交织技术:分组交织和卷积交织。

(2)分组交织

分组交织—去交织如图3－18所示。交织器输入端按行输入,也就是把(n,k)分组码的I个码字排成如图所示的码阵,每行是(n,k)码的一个码字,共I行n列,则该码阵即为(nI,kI)交错码的一个码字,其中I称为交织深度,称每一行为交错码的行码或子码。输出时,规定按列的次序从左至右传输至信道。

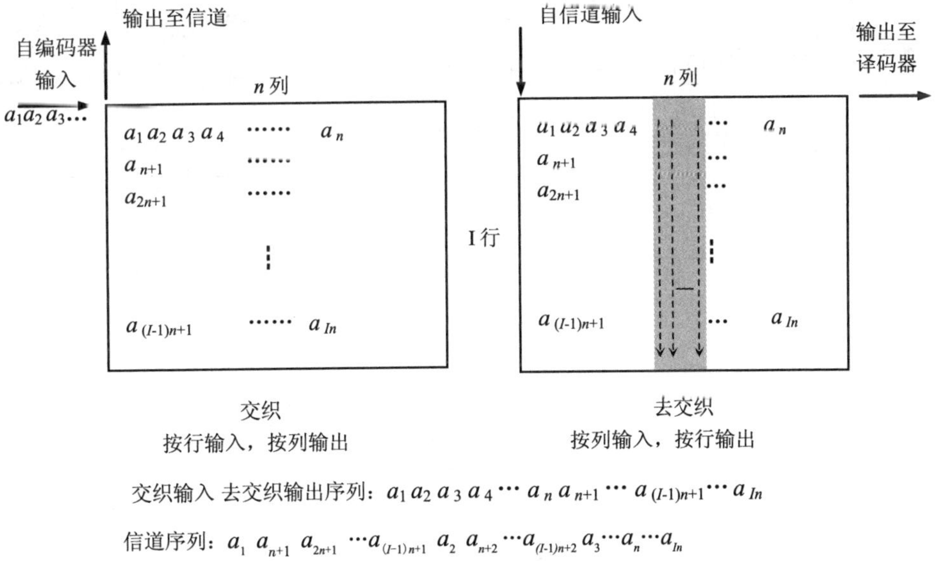

图3—18 分组交织—去交织

由图 3－18 可知，分组交织就是把 I 个 (n,k) 分组码的每个码字的相邻码元均相隔 I 个码元时隙。当接收端收到经交织过的码字后，仍排成图 3－18 的码阵，并以行为单位按 (n,k) 子码的方式译码，即以行的顺序译码输出，便可得到原来的数据流，信道中的错误也因此分散到每个行码中去了，如图 3－18 中阴影所示。如果一次突发错误在所传输的信道上不超过 $I\times t$ 位，那么对任何一个行码来说它只影响 t 位。因此，若采用一个中等纠错能力的编码，只要交织深度 I 足够大，就可以纠正很长的突发错误。

分组交织要求发送端和接收端分别有 nI 个码元的延时，即从交织数据的产生到去交织的传递时延总共为 $2nI$，这将限制交织的效果；另外采用分组交织时，译码器的同步也较为复杂，因此更有效的方案是采用卷积交织。

(3)卷积交织

卷积交织在基本思想、构造方法以及性能分析均与分组交织相同，不同的是卷积交织的码元交错方法不同。卷积交织与去交织如图 3－19 所示。

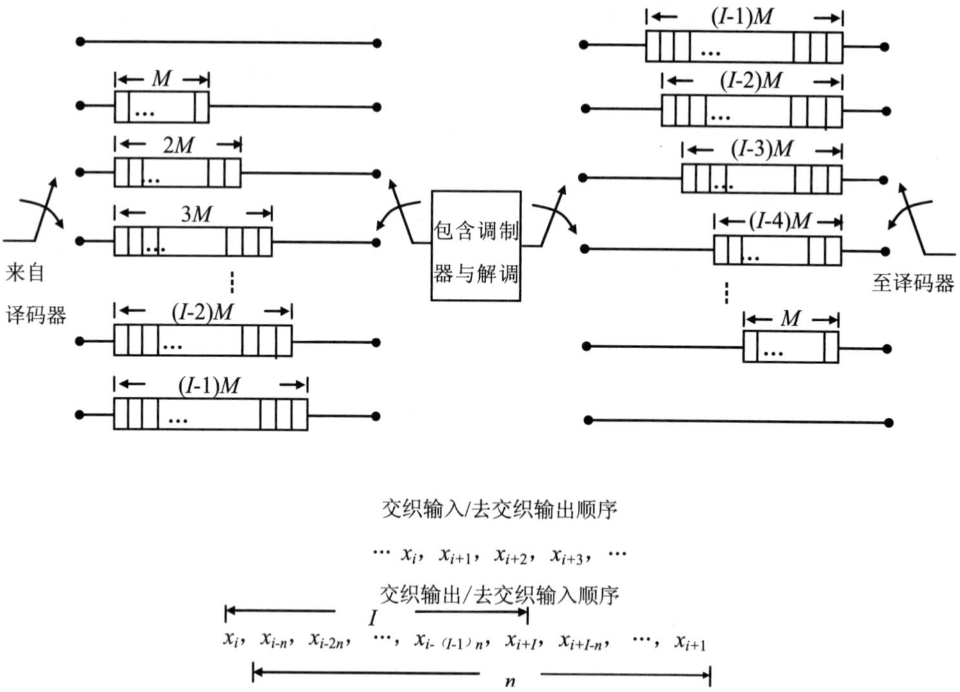

图 3－19 卷积交织与去交织

交织深度为 I 的卷积交织处理作用于长度为 N 的误码保护数据包,生成一个交织帧。交织器由 12 个分支构成,输入开关轮流地把输入字节流接入到各支路,每一支路是深度为 $M\times j$ 个单元的先入先出(FIFO)移位寄存器。去交织器原理上与交织器类似,只是分支号是相反的,即 $j=0$ 支路提供最大的延时。去交织器的同步可通过将第一个可识别的同步字节传送到"0"号分支来实现。

由图 3－19 可知,对卷积交织,在编码器输出端,码流经 I 个支路并行传输,I 为交织深度,每个支路的延时是逐渐递增的,而这种延时方式在去交织器中是刚好反转的,以保证译码前数据流的时序得到还原。由图 3－18 和图 3－19 可见,卷积交织—去交织的总时延约为分组交织—去交织的一半。

3.4　基带成形

编码器所产生的数字编码信息在传输时应该用什么样的脉冲波形代表?如果用矩形脉冲代表,由于它的频谱是无限延伸的,因此要无失真地传送这样的信号需要无限宽的信道。而实际应用的信道都是带宽受限的,信号通过这样的信道后会产生频谱失真,同样在时域的波形也会发生畸变并且会造成波形展宽,因此相邻的脉冲波形在时间上互相重叠,造成了符号间干扰(ISI)。如果基带脉冲波形是某种适当的波形,那么虽然通过实际信道传输后相邻脉冲波形仍然会互相重叠,但是可以保证在接收端对脉冲波形进行抽样识别时抽样点上不存在符号间干扰,因而能够正确地恢复所要传输的信息。基带成形的作用就是产生这样的基带脉冲波形。

上述频带受限的基带传输系统如图 3－20 所示,当调制和解调过程看作为信道的一部分时,调制传输系统也可以用基带传输系统等效。从成形滤波器输入到接收滤波器输出的传输特性 $H(f)$称为基带传输特性。见图 3－20 所示。

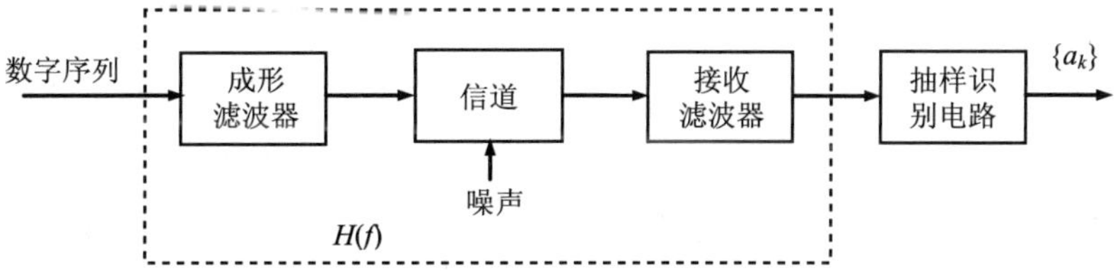

图 3－20　基带传输系统

3.4.1 理想低通滤波器的脉冲成形

作为理想化的情况，如果基带传输特性为理想低通滤波特性，截止频率为 f_H，如图 3—21 所示。设网络延时 $\tau_d=0$，则理想低通传输特性为：

$$H(f)=\begin{cases}1 & |f|\leqslant f_H \\ 0 & |f|>f_H\end{cases} \tag{3-32}$$

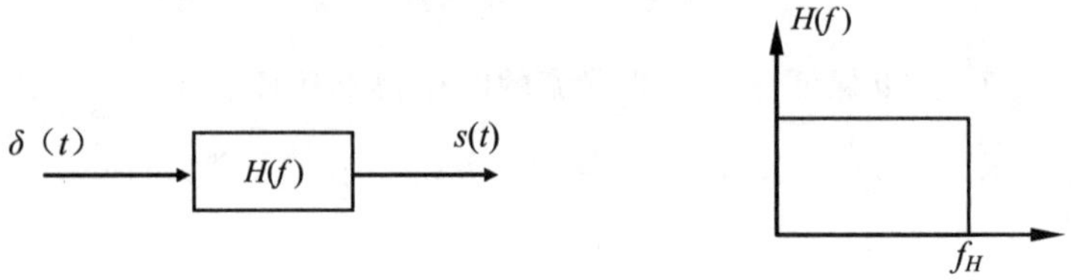

图 3—21 理想低通滤波特性

当用单位脉冲去激励上述低通滤波器时，滤波器的输出 $s(t)$ 就是滤波器的冲击响应。由信号与系统原理可知，理想低通滤波器的冲击响应具有 $\sin x/x$ 特性，即：

$$s(t)=\int_{-f_H}^{f_H}H(f)e^{j2\pi ft}df=\int_{-f_H}^{f_H}e^{j2\pi ft}df=2f_H\frac{\sin 2\pi f_H t}{2\pi f_H t} \tag{3-33}$$

可见，$\delta(t)$ 在 $t=0$ 时刻加到滤波器上，其输出在 $t=0$ 时刻最大而在 $t=k/(2f_H)$（$k=\pm1,\pm2,\cdots$）时均为零。这意味着，如果发端每隔 $1/(2f_H)$ 时间发出代表传送码 $\{a_k\}$ 的脉冲 $\cdots a_{-1}\delta(\mathrm{t})$、$a_0\delta(t)$、$a_1\delta(t)$、$\cdots$，则滤波器输出将由每一个输入脉冲响应波形组成，每个脉冲响应波形的峰值出现在其他脉冲响应的过零点时刻，如图 3—22 所示。而在接收端对某一个发送脉冲的输出波形峰值取样时，前后脉冲的输出波形恰好为零，因此取样值只代表某个码，与前后码无关，也就是无符号间干扰。

上述分析表明，对于带宽为 f_H 的系统不产生符号间干扰所允许的符号间隔为 $T_S=1/f_S=1/(2f_H)$，相应的符号传输速率为 f_S，频带利用率（单位频带内的符号传输速率）为 2 波特/Hz，这是在无符号间干扰条件下所能达到的最高的频带利用率。换句话说，如果当码元间隔为 T_S 时无符号间干扰，则所需要的最小传输频带为 $1/(2T_S)$，称 $1/(2T_S)$ 为奈奎斯特频率（带宽）f_N。

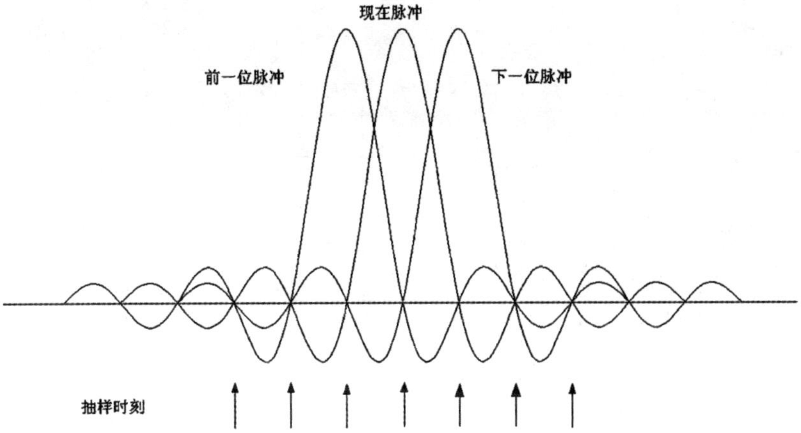

图 3—22　理想低通滤波器所形成的波形

3.4.2　升余弦滚降滤波

虽然采用理想低通滤波器冲击响应作为接收波形时不存在符号间干扰，但这种滤波特性实际上是不能实现的，因为它要求传递函数有无限陡峭的过渡带。实际采用的滤波器的过渡带为缓慢截止，即进行了适当的滚降。那么这样的滤波特性是否仍然具有无符号间干扰的输出响应呢？检验的标准为奈奎斯特第一准则。

奈奎斯特第一准则的物理意义是：把从发送滤波器输入到接收滤波器输出的传递函数 $H(f)$ 在 f 轴上以 $1/T_S$ 为间隔切开，T_S 为码元间隔，然后分段沿 f 轴平移到 $[-1/(2T_S), 1/(2T_S)]$ 区间将它们叠加起来，只要能叠加出理想滤波特性来，则这样的 $H(f)$ 就能消除符号间干扰。分割叠加过程如图 3—23 所示（注意图中的横轴为 ω 轴，相应的坐标数值与 f 轴数值相比多了一个系数 2π）。显然，满足奈奎斯特第一准则的 $H(f)$ 有无穷多种，前面讨论的理想低通滤波器是其中的一个特例。

实际中广泛应用的滤波特性是以 $f_N=1/(2T_S)$ 为中心，具有奇对称的升余弦滚降特性，如图 3—24 所示，只要频谱过渡特性对 f_N 奇对称就可以满足无符号间干扰条件。图 3—24 中，滤波器截止频率为 $(1+\alpha)f_N$，α 为滚降系数，$0\leqslant\alpha\leqslant1$。$\alpha$ 的大小由数字传输频带和对性能的要求来确定，$\alpha=0$，所需信道带宽最

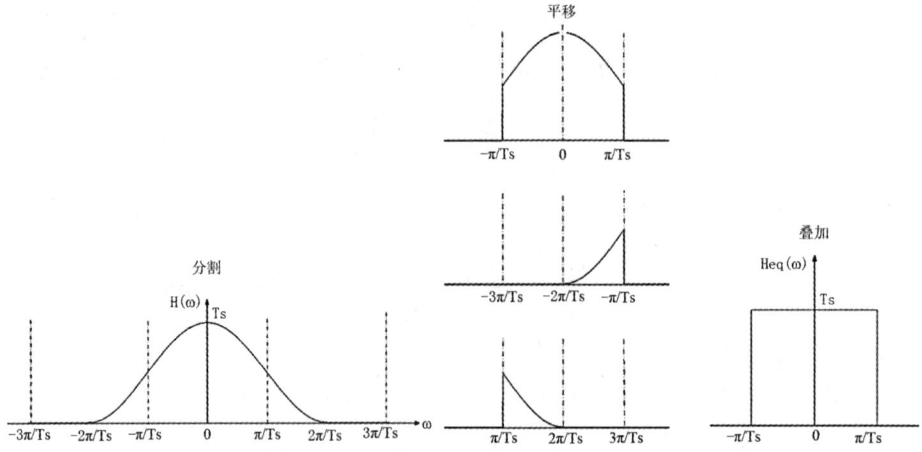

图 3－23　满足无符号间干扰条件的 $H(f)$

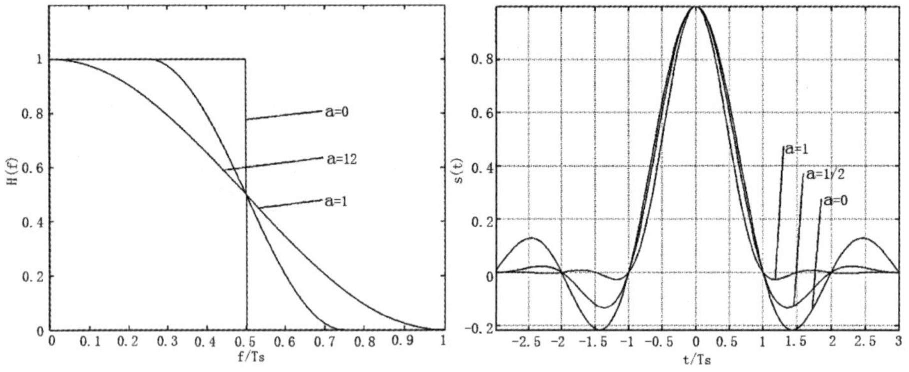

图 3－24　升余弦滚降特性示例

窄，为 $f_N=1/(2T_S)$，但无法实现。$\alpha=1$，传输带宽为理论最小带宽的两倍 $2f_N$。应当指出，以上带宽均指基带传输带宽，已调信号带宽则应加倍。

上述满足无符号间干扰的升余弦滚降特性包括发送滤波器、信道和接收滤波器的总的滤波特性。总的特性在各滤波器之间应如何分配呢？根据最佳接收原理，滤波器特性在发射机和接收机之间的最好分配方案，是把满足奈奎斯特第一准则的滤波器响应在收发两端均分，也即如果发射机输入端为冲击序列，则每个滤波器的冲击响应是总特性的均方根。这种情况下，能满足在取样时刻无符号间干扰，并且接收滤波器与接收信号匹配。

3.5　数字调制技术

为了使数字信号在带通信道中传输，必须用数字信号对载波进行调制。在卫星数字传输中，QPSK是目前最常用的一种调制方式，它具有强的抗干扰性，在电路实现上也较为简单。为了进一步提高频谱利用率，可以采用8PSK、16APSK和32APSK等调制方式。本节首先介绍数字调制解调的一般原理，然后重点讨论QPSK调制与解调。

3.5.1　数字调制的一般描述

数字调制是用载波信号的某些离散状态来表示所传输的信息。和模拟调制一样，数字调制也以正弦波为载波并有调幅、调频和调相三种基本方式。在目前比较通用的术语中，把数字调制称为"键控"，就是说把所要传输的信息码元的脉冲序列看作"电键"，对载波的某些参量进行控制，因此有移幅键控(ASK)、移频键控(FSK)和移相键控(PSK)，并可以派生出多种形式的数字键控方式。在二进制数字调制中，载波的幅度、频率或相位分别只有两种变化状态，表示为2ASK、2FSK、2PSK。

数字已调信号可表示为载波同相分量和正交分量组合的形式，已调信号的时域表达式为：

$$s(t) = A(t)\cos[\omega_c t + \varphi(t)] \tag{3-34}$$

式中，$A(t)$—$s(t)$的振幅(包络)，$\varphi(t)$—$s(t)$的相位，ω_c—$s(t)$的载波频率。可将式展开为：

$$\begin{aligned} s(t) &= [A(t)\cos\varphi(t)]\cos\omega_c t - [A(t)\sin\varphi(t)]\sin\omega_c t \\ &= I(t)\cos\omega_c t - Q(t)\sin\omega_c t \end{aligned} \tag{3-35}$$

式中，$I(t)$—同相分量，$I(t)=A(t)\cos\varphi(t)$；$Q(t)$—正交分量，$Q(t)=A(t)\sin\varphi(t)$。由于$I(t)$和$Q(t)$所包含的频率成分集中在低频，因此它们是低通信号。上式说明键控信号的通用产生方法是正交调制法，即数字信号变换成适当的基带波形、然后与两个相位正交的载波相乘后叠加。这样，键控信号就可以用基

带波形 $I(t)$、$Q(t)$来描述，各种调制之间的差别都反映在 $I(t)$和 $Q(t)$基带脉冲形式和它们之间的相对时序上。可见，式(3－35)提供了分析各种调制技术的方法。

式(3－35)还可表示为复数信号实部的形式，如下式：

$$\begin{aligned} s(t) &= \mathrm{Re}[A(t)e^{j[\omega_c t+\varphi(t)]}] = \mathrm{Re}\{[A(t)e^{j\varphi(t)}]e^{j\omega_c t}\} \\ &= \mathrm{Re}\{[I(t)+jQ(t)]e^{j\omega_c t}\} \end{aligned} \tag{3－36}$$

这说明数字调制信号也可以用向量表示。向量是复数平面的一个矢量，其幅度为信号的幅度 $A(t)$，俯角为信号的相角 $\varphi(t)$，而向量的实数分量和虚数分量就描述了调制过程。因此，各种数字调制技术都可以用向量图来描述，向量图只保留向量端点，称为星座图，如图 3－25 所示。

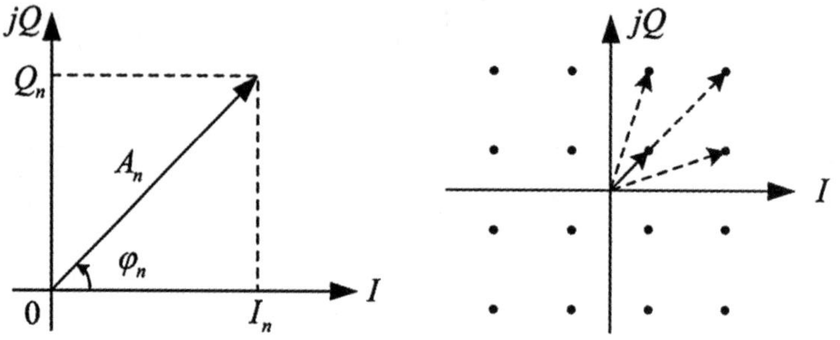

图 3－25　星座图

3.5.2　正交调制与解调

如上所述，键控信号的通用产生方法是正交调制法，即数字信号变换成适当的基带波形、然后与两个相位正交的载波相乘后叠加。正交调制器框图如图 3－26 所示，星座点映射是指将二进制脉冲转换为键控方式所需的 I、Q 分量多电平脉冲，然后 I、Q 分量脉冲分别进行平方根升余弦滚降滤波形成基带波形 $I(t)$、$Q(t)$。

正交调制的信号是载波同相分量和正交分量的组合，因此可以用两个正交的载波分别对 I 和 Q 分量进行相干解调，产生还原的 I、Q 数据，然后经并/串转换将并行的 I、Q 数据变为二进制串行数据，原理框图如图 3－27 所示。其中 LPF 特性为平方根升余弦滚降特性。

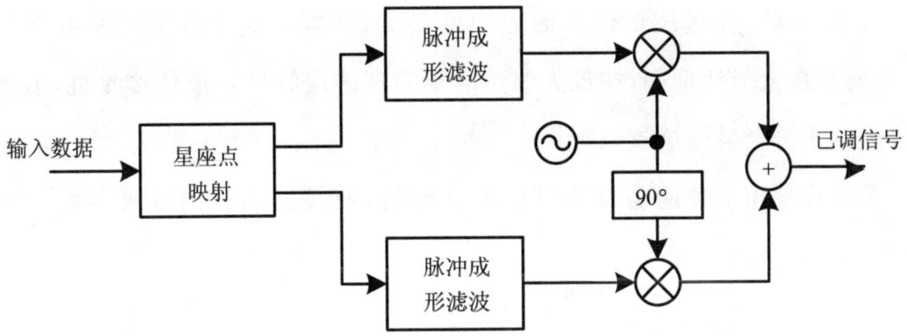

图 3—26　正交调制器方框图

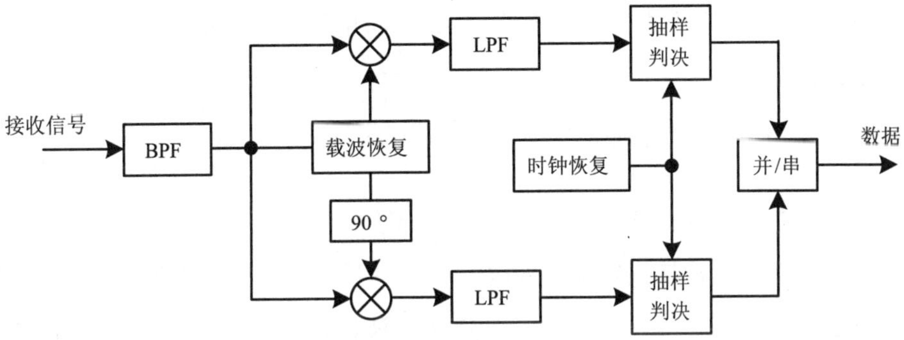

图 3—27　正交解调器方框图

相干解调就是将经带通滤波的接收信号与从接收信号中恢复出来的相干载波相乘,通过相乘产生基带信号,然后由低通滤波器输出基带信号。由图 3—27 可见,由于接收信号可表示为 $s(t)=I(t)\cos\omega_c t-Q(t)\sin\omega_c t$,因此两路乘法器输出分别为:

$$\begin{aligned} s_I(t) &= s(t)\cos\omega_c t \\ &= \frac{1}{2}I(t)(1+\cos 2\omega_c t)-\frac{1}{2}Q(t)\sin 2\omega_c t \\ s_Q(t) &= s(t)(-\sin\omega_c t) \\ &= \frac{1}{2}Q(t)(1-\cos 2\omega_c t)-\frac{1}{2}I(t)\sin 2\omega_c t \end{aligned} \tag{3-37}$$

LPF 的输出分别是 $1/2\cdot I(t)$ 和 $1/2\cdot Q(t)$,最终由事先建立的规则对基带波形进行判决。由于信号在传输过程中会受到干扰,因此最佳的判决规则是将被噪声恶化的接收信号以某种方式与一组可能被发送的波形样本进行比较,接收波形与哪个发送波形样本的似然性最大，就判定这个波形是所发送的波形，这就是最大似然准则，按最大似然准则实现的接收机是最佳接收机，上述相干解调方式符合最佳接收原则。

在接收端相干解调需要恢复载波和时钟，有关这部分内容可参看有关材料，这里不再介绍。

3.5.3 MPSK 调制

多相移相键控 MPSK 是恒包络数字调制，受调载波相位有 M 种取值。MPSK 信号可表示为式(3－35)的形式，其中同相分量 $I(t)$ 和正交分量 $Q(t)$ 分别有如下形式：

$$\left.\begin{aligned} I(t) &= \sum_n \cos\varphi(n) g(t-nT_s) \\ Q(t) &= \sum_n \sin\varphi(n) g(t-nT_s) \end{aligned}\right\} \qquad (3-38)$$

式中，$g(t)$ 为成形滤波器响应波形；T_s 为码元间隔；$\varphi(n)$ 为载波在 $t=nT_s$ 时刻的相位，$\varphi(n)\in\{\varphi_i\}$，$\varphi_i=2\pi i/M+\varphi_0$，$\varphi_0$ 为载波初始相位，$i=0,1,2,\cdots,M-1$。M 为载波相位数，通常 $M=2^L$（L 为正整数）。式(3－38)还可表示为：

$$\left.\begin{aligned} I(t) &= \sum_n x_n g(t-nT_s) \\ Q(t) &= \sum_n y_n g(t-nT_s) \end{aligned}\right\} \qquad (3-39)$$

其中，$x_n=\cos\varphi(n)$，$y_n=\sin\varphi(n)$。

对于 2PSK，$M=2$，若取 $\varphi_0=0°$，则只有同相分量没有正交分量，载波有 0°、180°两种相位状态；若取 $\varphi_0=90°$，则没有同相分量只有正交分量，载波有 90°、270°两种相位状态。对于 QPSK，$M=4$，φ_0 有 0°和 45°两种取值，当 $\varphi_0=0°$时，为 A 方式，载波有 0°、90°、180°、270°四种相位状态；$\varphi_0=45°$时，为 B 方式，载波相位有 45°、135°、225°、315°四种取值。对 8PSK，φ_0 有 0°和 22.5°两种方式。PSK 信号星座图如图 3－28 所示。

以 QPSK 信号为例，由于 QPSK 的 4 种不同输出相位要求有 4 种不同的输入条件，因此二进制输入数据必须以 2bit 为一组输入，双比特有 4 种可能的取值：00，01，10 和 11。每输入一组双比特，输出相位就产生一次变化，输出变换

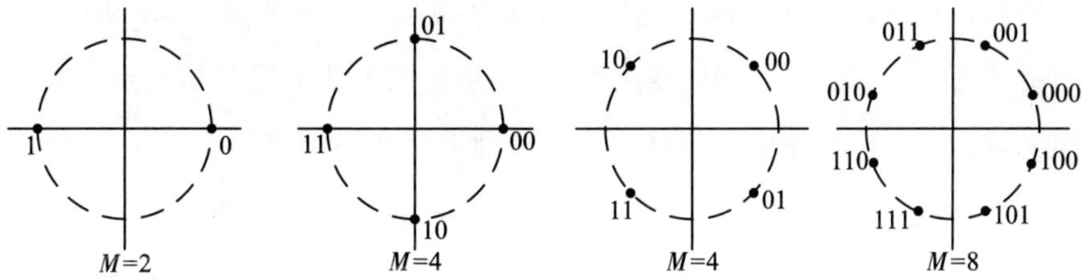

图 3－28　PSK 信号星座图

的速率是输入比特率的一半。由式(3－38)和式(3－39),QPSK 解调器 LPF 输出如下式:

$$\left.\begin{aligned}\frac{1}{2}I(t) &\propto \sum_{n}\cos\varphi(n)g(t-nT_s)=\sum_{n}x_n g(t-nT_s)\\ \frac{1}{2}Q(t) &\propto \sum_{n}\sin\varphi(n)g(t-nT_s)=\sum_{n}y_n g(t-nT_s)\end{aligned}\right\}$$

因此,以 B 方式为例,可按表 3－5 规则进行判决,恢复双比特符号。

表 3－5　B 方式 QPSK 系统收端判决规则

载波相位 $\varphi(n)$	$\cos\varphi(n)$的极性	$\sin\varphi(n)$的极性	载波相位判决输出	
			x_n	y_n
45°	+	+	0	0
135°	—	+	1	0
225°	—	—	1	1
315°	+	—	0	1

PSK 还分为绝对调相和相对调相,绝对调相记为 PSK,相对调相记为 DPSK。所谓绝对调相,是利用载波的不同相位去直接传送数字信息的一种方式;而相对调相,也称差分调相,是利用前后相邻码元的载波相位的相对变化来传送数字信号的一种方式。实现相对调相最常用的方法是,把数字信息序列(绝对码)经差分编码变换为相对码(差分码)之后再进行绝对调相。关于 DPSK 的更多内容,请参看有关书籍。

3.5.4　幅度与相位结合的多进制调制

从星座图上可以直观地看到,单独使用幅度或相位携带信息不能充分利用信号平面，例如在 MPSK 中，虽然信号波形是两个幅度调制的正交载波的组合，但是由于受到波形具有相同能量的约束，在星座图上我们看到信道点分布在一个圆上，而 MASK 星座图中信号点在一条轴上分布。随着调制进制数 M 的增大，这些星座点之间的最小距离也随之减小，抗噪声性能也将降低。如果放宽这些信号约束条件，充分利用信号平面，将信号点重新合理分布，就可以在不减少最小距离情况下增加星座点数量，改善多进制调制的性能。这种方法就是幅度与相位联合的键控方式。下图为 $M=16$ 的几种幅相联合键控的星座图。

图 3－29 中，图(c)是话路频带内传送 9600b/s 的一种国际标准星座图，记作 16APK。图(b)称为正交幅度调制，记作 16QAM，QAM 星座图通常为正方形或十字星，前者 M 为 2 的偶次方，后者为 2 的奇次方。由图可见，QAM 方式实现简单，因此在通信系统中得到了广泛应用。图(a)可记作 16APSK，与 QAM 相比，该方式的正交调制实现更复杂一些，但其幅度变化较少，更适合在有非线性特性的卫星信道中使用。

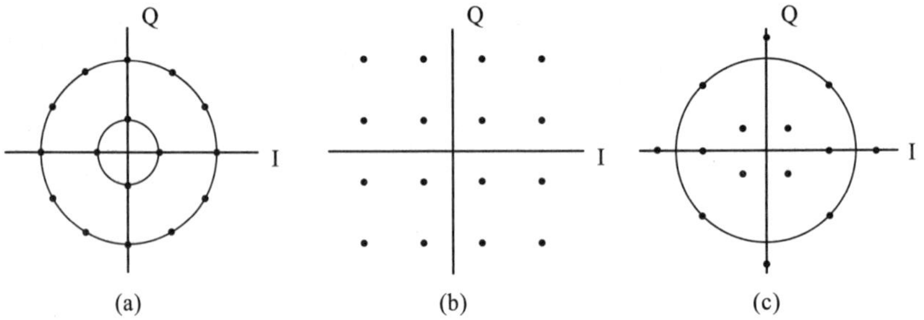

图 3－29　幅相键控星座图例

3.6　DVB－S 系统

3.6.1　系统概述

DVB－S 系统定义了从 MPEG－2 复用器输出到卫星射频信道、能对电视基带信号进行适配处理的设备功能模块，也可称为卫星信道适配器，如图 3－30 所示。它对数据流作如下处理：

(1)传送复用适配和用于能量扩散的随机化处理；

(2)外编码(即RS码)；

(3)卷积交织；

(4)内编码(即删除型卷积码)；

(5)基带成形；

(6)调制。

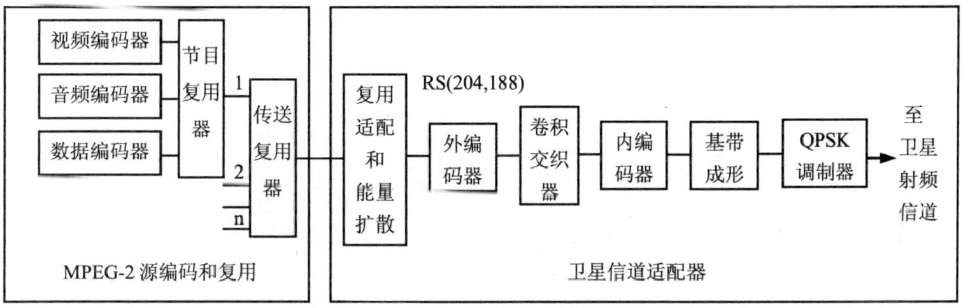

图3—30　DVB—S系统框图

由于卫星传输业务功率受限,因此强的抗干扰和抗噪声性能是系统设计的主要目标。系统采用QPSK调制方式以及级联的卷积码和RS码的前向差错控制方式,在接收载噪比高于误码门限的条件下,系统可以提供准无误码(QEF)质量指标,即在一个小时的传输时间里不可纠正的错误少于一个,相当于在MPEG　2解复用器输入端的误比特率(BER)为10^{-10}到10^{-11}。

3.6.2　复用适配与能量扩散

在DVB—S系统中进行随机化处理除了有改善位定时恢复质量这个基本作用外,还有另一个主要作用就是能量扩散。在数字卫星电视信号传输过程中会出现这样的情况:输入比特流不存在或输入比特流与MPEG—2传送流格式(即1个同步字节+187个字节数据包)不兼容而导致调制器发射未经调制的载波时,或者当数字基带信号是周期不长的周期信号时,已调波的频谱将集中在局部并含有相当多的高电平离散谱,这将使得对与卫星广播业务共用频段的其他业务的干扰超过规定值。数字基带信号经扰码后具有伪随机性,其已调波的频谱将分散开来，从而使上述干扰的程度大大减轻。为促进频段共用，卫星业务要求采用人为能量扩散。

在 DVB－S 系统中进行的能量扩散随机化处理，采用的就是 3.3.5 节所介绍的加解扰方法。下面简要介绍 DVB－S 系统能量扩散随机化处理和复用适配的工作原理。

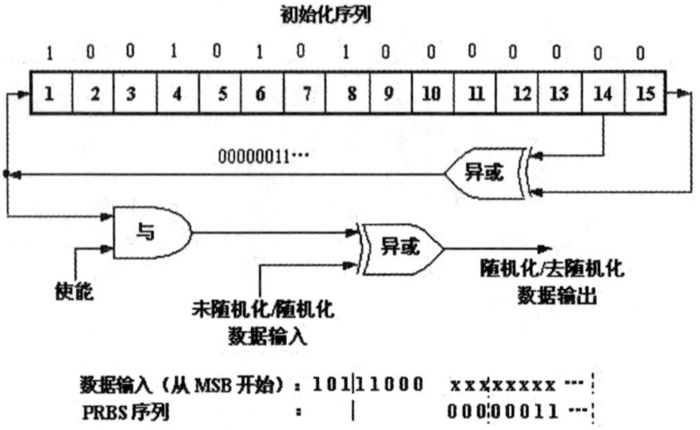

图 3－31　DVB－S 系统随机化/去随机化原理图

图 3－31 中，异或门执行模 2 加运算，即 $1\oplus0=0\oplus1=1, 1\oplus1=0\oplus0=0$；与门执行模 2 乘运算，即 $1\cdot1=1, 0\cdot1=1\cdot0=0\cdot0=0$。图中的伪随机二进制序列(PRBS)产生器为一个 15 级线性反馈移位寄存器，其特征多项式为

$$f(x)=1+x^{14}+x^{15} \tag{3-40}$$

可见，$f(x)$的最高阶次为 15，说明这是一个 15 级线性反馈移位寄存器。并且在$f(x)$中，反馈系数 $c_1 \sim c_{13}$ 均为零，说明第 1 级到第 13 级寄存器均不参加反馈，寄存器线性反馈关系是第 14 级输出与第 15 级输出异或后反馈到移位寄存器第一级作为下一节拍的输入，也作为伪随机二进制序列产生器的输出。当给寄存器设置一个非全零初始状后，随着时钟节拍寄存器将产生 PRBS。

在上面的图 3－31 中，在每 8 个 MPEG－2 传送包的开始处，将序列“100101010000000”载入寄存器进行初始化。为了向解扰器提供一个启动信号，使接收端的伪随机序列产生器与发送端的伪随机序列产生器同步工作，在发端将每组 8 个包中的第一个传送包的 MPEG－2 同步字节从 47_{HEX}（即

01000111)逐比特反转到 $B8_{HEX}$(即 10111000)。这个处理过程即传送复用适配(Transport Multiples Adaptation)。

PRBS 产生器输出的第一个比特应加到反转的 MPEG－2 同步字节(即 $B8_{HEX}$)后面的第一个字节的第一位上。为帮助建立其他同步功能,在后续 7 个传送包的 MPEG－2 同步字节期间,PRBS 继续工作但输出无效,不对这些字节进行随机化。因此,PRBS 序列的周期将是 1503(即 188×8－1)字节。

为了使 PRBS 不加扰 MPEG－2 传送包的同步字节,PRBS 须经与门电路后再与输入信号序列进行模 2 加运算。在 MPEG－2 同步字节期间,与门使能端为“0”且输出“0”序列,该“0”序列与输入同步字节模 2 和的结果仍为同步字节;同步字节过后,与门使能端为“1”且输出 PRBS,PRBS 将对输入信号序列进行随机化处理。当输入比特流不存在或与 MPEG－2 传送流格式不兼容、或输入比特流为长连 0 或长连 1 时,扰码器输出为 PRBS 序列。

对接收端的解扰器来说,工作原理相同。这时输入数据是已经随机化的数据,当已经随机化的数据同与发端一样的伪随机二进制序列做逐比特异或运算时,输出的则是还原的数据,实现了解扰作用。

3.6.3　外码、交织和成帧

(1)外码(RS 码)

DVB－S 系统中使用的外码 RS(204,188,T＝8)是由 RS(255,239,T＝8)缩短而得到的。原码码长 $n=2^8-1=255$ 字节,具有纠正 $T=(n-k)/2=8$ 字节即 64 比特误码的能力。该 RS 码生成多项式为

$$g(x)=(x+\alpha^0)(x+\alpha^1)\cdots(x+\alpha^{15}) \tag{3-41}$$

其中,α 是伽罗华域 $GF(2^8)$ 的本原元素,是域生成多项式 $p(x)=x^8+x^4+x^3+x^2+1$ 的根,$\alpha=02_{HEX}$,下脚注“HEX”表示这是一个十六进制数,02_{HEX} 表示成二进制数时是 00000010。缩短 RS(204,188,$T=8$)的实现方法是,在 RS(255,239,$T=8$)编码器输入有效信息字节之前加入 51 个全“0”字节,在 RS 编码过程后再将这些空字节丢弃。

(2)卷积交织

DVB－S 系统采用卷积交织技术，其卷积交织器和去交织器如图 3－32 所示。交织深度 $I=12$ 的卷积交织处理作用于长度 $N=204$ 的误码保护数据包，生成一个交织帧。交织器由 12 个分支构成，输入开关轮流地把输入字节流接入到各支路，每一支路是深度为 $M\times j$ 个单元的先入先出(FIFO)移位寄存器。这里，$M=N/I=17$，j 为分支号，$j=0,1,\cdots,I-1$。每个 FIFO 单元大小为一个字节，并与输入和输出开关同步。为实现同步，已反转和没有反转的 MPEG－2 同步字节总是由交织器的"0"分支输出(相应于零延时)。去交织器原理上与交织器类似，只是分支号是相反的，即 $j=0$ 支路提供最大的延时。去交织器的同步可通过将第一个可识别的同步字节传送到"0"号分支来实现。

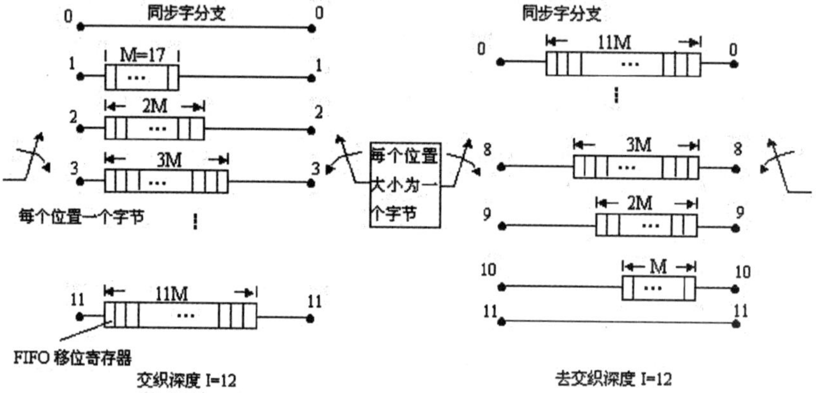

图 3－32　DVB－S 系统卷积交织与去交织

可见对卷积交织，在编码器输出端，码流经 I 个支路并行传输，I 为交织深度，每个支路的延时是逐渐递增的，而这种延时方案在去交织器中是刚好反转的，以保证译码前数据流的时序得到还原。

(3)帧结构

DVB－S 系统帧结构应基于输入数据包的结构。在 MPEG－2 传送复用器后，系统输入码流组成固定长度的数据包，如图 3－33(a)所示。MPEG－2 传送复用包总长度为 188 字节，包括一个同步字节(即 47_{HEX})，发送端的处理顺序总是从同步字节(即 01000111)的最高位(即 0)开始的。

为了符合国际电联(ITU)的无线电管理规定并保证有足够的二进制转换，对从 MPEG－2 来的输入数据将进行随机化处理，随机化处理只作用于传送包的信息字节，不作用于同步字节。每 8 个传送包为一组进行一个周期的随机化处理，为了向接收端提供一个初始化信号，将每组 8 个传送包中的第一个传送包的 MPEG－2 同步字节从 47_{HEX} 逐比特取反转换到 $B8_{HEX}$，如图 3－33(b)所示。

外码 RS(204,188,T＝8)是由原码 RS(255,239,T＝8)截短而得到的，用来对图3－33(b)所示的每一个已经随机化的传送包(188 字节)生成一个误码保护数据包，如图 3－33(c)所示。RS 编码也作用于数据包同步字节，不论它是未反转的(即 47_{HEX})还是已经逐比特取反的(即 $B8_{HEX}$)。

然后，按照图 3－32 所示的原理，对误码保护数据包进行深度 I＝12 的卷积交织处理，其结果是生成一个交织帧，如图 3－33(d)所示。

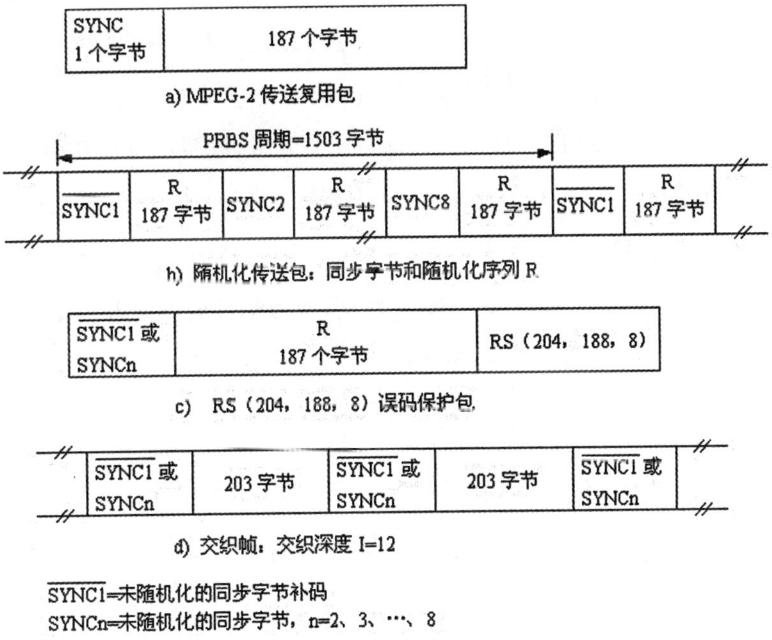

图 3－33　DVB－S 系统帧结构

3.6.4　内码(卷积码)

在 DVB－S 系统中，允许使用一系列基于(2,1,7)卷积码的删除型卷积码。这样，对于给定的业务或数据速率，通过选择合适的编码效率就可以达到最佳的误码保护水平。该系统允许使用的编码效率为 1/2、2/3、3/4、5/6、7/8，可用的删除型卷积码定义如表 3－6 所示。

表 3－6 DVB－S 系统删除型卷积码定义

原码			编码效率									
			1/2		2/3		3/4		5/6		7/8	
K	G1 (X)	G2 (Y)	P	d_{free}	P	d_{free}	P	d_{free}	P	d_{free}	P	d_{free}
7	171_8	133_8	X:1 Y:1 $I=X_1$ $Q=Y_1$	10	X:10 Y:11 $I=X_1Y_2Y_3$ $Q=Y_1X_3X_4$	6	X:101 Y:110 $I=X_1Y_2$ $Q=Y_1X_3$	5	X:10101 Y:11010 $I=X_1Y_2Y_4$ $Q=Y_1X_3X_5$	4	X:1000101 Y:1111010 $I=X_1Y_2Y_4Y_6$ $Q=Y_1Y_3X_5X_7$	3
注："1"代表传输比特位置，"0"代表删除比特位置												

表中，X、Y 代表(2，1，7)卷积编码器的并行输出序列，分别由生成多项式 G_1、G_2 产生，其中 $G_1=(171)_8=001111001$，$G_2=(133)_8=001011011$。以 R＝3/4，K＝7 删除码为例，首先由(2，1，7)卷积编码器对输入比特进行编码，输出两个并行序列 X、Y，然后分别将 X、Y 每 3 比特分组，按照比特选择图样进行删除，X 的比特选择图样是 101，即 $X_1X_2X_3$ 中删除 X_2，Y 的比特选择图样是 111，即 $Y_1Y_2Y_3$ 全部传输。经比特删除后的删除码串行输出为 $X_1Y_1Y_2X_3\cdots$，如图 3－34所示。对这一串行输出进行串/并转换，即为基带成形滤波输入的 I、Q 信号序列，因此 $X_1Y_1Y_2X_3\cdots$串/并转换为 $I=X_1Y_2\cdots$，$Q=Y_1X_3\cdots$。

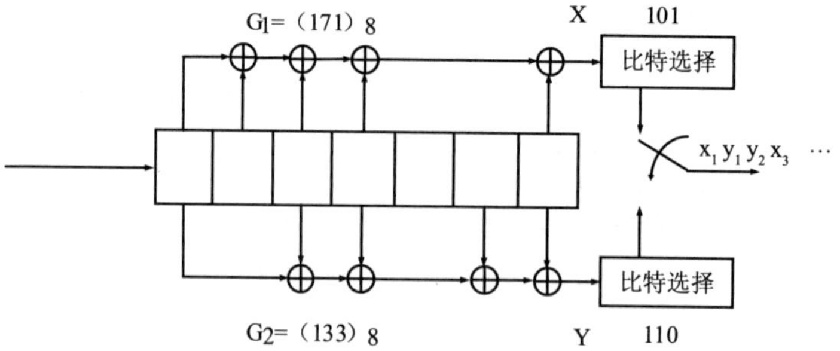

图 3－34 (4，3，7)删除型卷积码编码器

3.6.5　基带成形和调制

DVB－S 系统在调制前，如图 3－35，要求对 I 和 Q 信号（由一系列 δ 函数表示，码元间隔 $T_S=1/f_S$）进行平方根升余弦滚降滤波，滤波器理论传递函数由下式定义：

$$H(f)=\begin{cases}1 & |f|<f_N(1-\alpha)\\ \left[\frac{1}{2}+\frac{1}{2}\sin\frac{\pi}{2f_N}\left(\frac{f_N-|f|}{\alpha}\right)\right]^{\frac{1}{2}} & f_N(1-\alpha)\leqslant|f|\leqslant f_N(1+\alpha)\\ 0 & |f|>f_N(1+\alpha)\end{cases} \tag{3-42}$$

其中：f_N 为奈奎斯特频率，$f_N=1/(2T_S)=f_S/2$；α 为滚降系数，$\alpha=0.35$。

DVB－S 系统采用绝对映射格雷码 QPSK 调制，星座图和映射关系如图 3－35所示。格雷码映射是指星座图中相邻信号点所携带的符号信息只相差 1 比特。在解调器中，载波相位 0°/180°不定性可通过对界定交织帧的 MPEG－2 同步字节进行识别来解决。

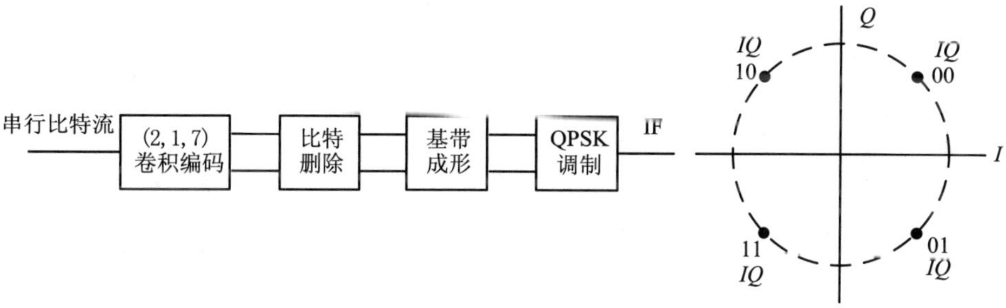

图 3－35　DVB－S 系统 QPSK 映射关系

3.6.6　误码性能要求

在数字传输系统中，由于各种噪声和干扰及不理想因素的影响，收端在恢复发端数码时会发生误码，因此误码率 P_e（误码数/总码数，有误符号率 P_s 和误比特率 P_b 两种定义）是性能的量度，误码越少，系统性能越好。为实现给定误码率所要求的接收到的E_b/N_0，是评价各种编码和调制组合方案的品质因素。

(1)QPSK 的理论误码率

所谓理论误码率，是指没有使用差错编码且差错源只有信道中的高斯噪声条件下的误码率。在数字调制系统中，误码率与每比特信号能量与单边噪声功率谱密度之比E_b/N_0有关，而且与调制方式有关。对于所采用的调制技术，希望它能满足各种系统限制条件，同时对规定的门限误码率所要求的 E_b/N_0 最小。换言之，对已接收到的 E_b/N_0，希望误码率尽可能低。

通过对各种数字调制方式比较可知，QPSK 调制对规定的误码门限有较小的 E_b/N_0 值。在相干解调下，多进制移相键控(MPSK)的理想误符号率可用下式表示：

$$P_{s,MPSK} = erfc\left[\sqrt{\frac{E_b \log_2 M}{N_0}\sin^2(\frac{\pi}{M})}\right] \tag{3-43}$$

式中，M 为 MPSK 载波相位状态数，erfc(x)为互补误差函数，定义为：

$$erfc(x) = \frac{2}{\sqrt{\pi}}\int_x^{\infty} e^{-y^2} dy$$

对 QPSK，更精确的误符号率可用下式表示：

$$P_{s,QPSK} = erfc[\sqrt{\frac{E_b}{N_0}}] - \frac{1}{4}erfc^2[\sqrt{\frac{E_b}{N_0}}] \tag{3-44}$$

MPSK 误符号率曲线如图 3－36 所示。采用格雷码时，误比特率与误符号率的关系为：

$$P_{b,MPSK} \approx P_{s,MPSK}/\log_2 M \tag{3-45}$$

由式(3－44)和式(3－45)计算或由图 3－36 可查，对 QPSK 调制即 $M=4$ 时，误比特率为 10^{-4}和 10^{-5}所要求的 E_b/N_0 分别约为 8.4dB 和 9.6dB。

(2)编码增益

当选用了某种调制解调方式后，若误码率仍不能满足要求，那么必须采用信道编码即差错控制编码，以进一步降低误码率。从系统角度看，对于给定的误码率，我们希望进行差错编码后所需要的 E_b/N_0 低于未差错编码时的 E_b/N_0，后者与前者的分贝数之差则称为编码增益。显然，编码增益越大，系统越容易实现。

由信道编码理论可知，在传输功率受限但带宽可能增加的高斯无记忆卫星

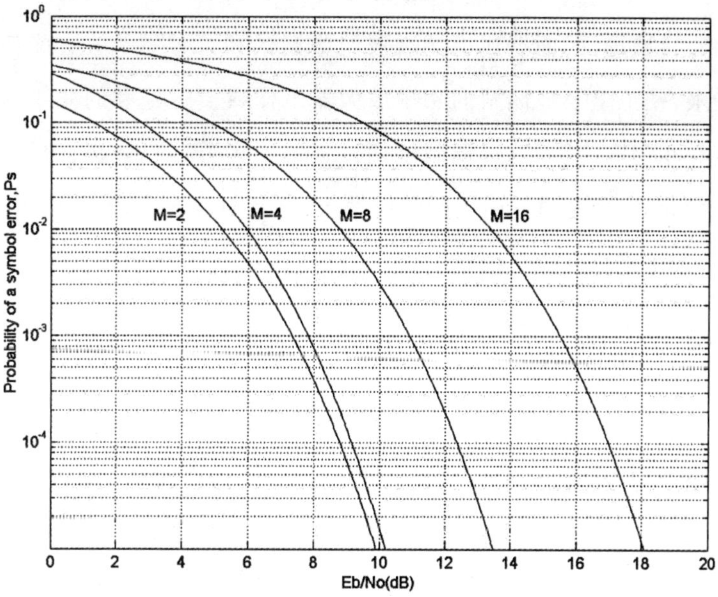

图 3－36　相干解调 MPSK 的误符号率

信道上，采用 FEC 的卷积编码、维特比译码的 QPSK 方式与采用未编码的 QPSK 方式比较，误码性能大大改善也即获得了编码增益。并且，编码增益是随所需 P_b 变化的，当 P_b 减小时，编码增益趋于增大。表 3－7 列出了大多数编码效率 R_c 在 1/3～3/4 之间、约束长度 K 在 5～9 之间的卷积码的编码增益。

表 3－7　软判决维特比译码时的编码增益(dB)

E_b/N_0(dB) 未编码	R_c	1/3		1/2			2/3		3/4	
	$P_b \setminus K$	7	8	5	6	7	6	8	6	9
6.8	10^{-3}	4.2	4.4	3.3	3.5	3.8	2.9	3.1	2.6	2.6
9.6	10^{-5}	5.7	5.9	4.3	4.6	5.1	4.2	4.6	3.6	4.2
11.3	10^{-7}	6.2	6.5	4.9	5.3	5.8	4.7	5.2	3.9	4.8

(3)误码性能的恶化

上面以加性白色高斯噪声为基础，简要说明了数字调制技术、信道编码技术对误码性能的影响。实际卫星传输中，由各分系统(包括卫星链路)的不完善性以及总系统的各种约束和限制条件所导致的 E_b/N_0 恶化，都将对误码性能产生影响。例如，卫星传输链路中发射机和接收机之间插入的滤波器将会引起波形失真和比特展宽，因而造成已调载波包络起伏和符号间干扰。又如，由于卫星功率受限，使卫星及地球站的功率放大器工作在接近饱和的非线性区，从而产生幅度和相位畸变。此外，调制解调设备的不完善，外码导致的噪声带宽的增加，变频和载波恢复电路引入的相位误差，以及同波道干扰、邻波道干扰等因素，也将导致系统总性能恶化。

因此，为保证卫星链路的误码性能达到一定要求，必须使所要求的 E_b/N_0 对上述恶化因素留有一定余量。

(4)E_b/N_0 门限

在给出数字卫星系统传输质量要求 P_b 后，可根据实际卫星传输系统所采用的调制方式和差错控制方式确定 E_b/N_0 门限，如下式所示：

$$(E_b/N_0)_{th} = (E_b/N_0)_m - G_c + \sum M \quad dB \qquad (3-46)$$

式中，$(E_b/N_0)_m$ 为未编码数字调制方式下理论 P_b 所要求的 E_b/N_0，dB；G_c 为编码增益，dB，它强烈依赖于编码效率，轻度依赖于编码类型；ΣM 为各种恶化余量的累加值，dB，但不包括降雨衰减余量，雨衰余量另行计算。

对于 DVB－S 系统，P_b 与 E_b/N_0 门限之间的要求如表 3－8 所示。

表 3－8　DVB－S 误码性能要求内码码率

内码码率 R_c	RS 译码后达到 BER＝10^{-10}～10^{-11}， 维特比译码后 BER＝2×10^{-4}所需的 E_b/N_0(dB)
1/2	4.5
2/3	5.0
3/4	5.5
5/6	6.0
7/8	6.4

表中，E_b/N_0 门限对应于 RS 编码前的有用比特率，它包括一个 0.8dB 的调制解调设备恶化余量和由外码导致的噪声带宽增加的恶化余量（10lg204/188＝0.36dB）。

3.7　DVB-S2系统

3.7.1　系统概述和特点

DVB－S作为自1994年提出至今在世界范围内广泛应用的卫星信道传输标准，随着技术的飞速发展和业务需求的急剧增加，已经显现出以下不足之处：DVB－S中所采用的卷积码与RS码级联的信道编码技术有约40年的历史，HDTV、VOD、pay-per-view等新的业务需求要求更高的传输数据率而只采用QPSK调制技术限制了数据率的提高，不具备以基于IP为主的交互式服务所需要的系统灵活性等。最近十多年信道编码技术的突破以及卫星功率受限的改善，使得新的传输标准能够采用纠错能力更强的信道编码和传输效率更高的调制方式，2005年新一代卫星广播标准DVB－S2颁布。

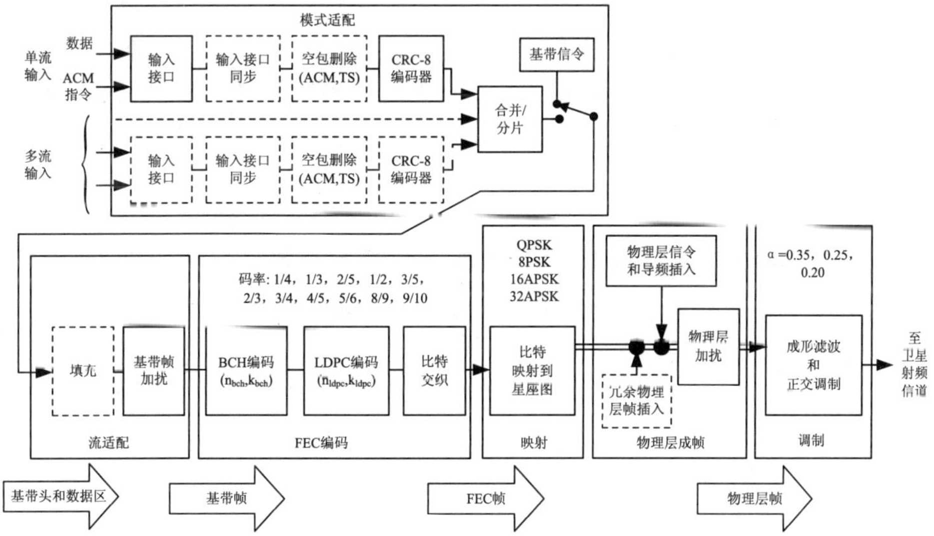

图3－37　DVB－S2系统框图

DVB－S2系统定义了从单个/多个MPEG传送流复用器输出或单个/多个一般数字信源输出到卫星射频信道、能对数字基带信号进行适配处理的设备功能模块，系统框图如图3－37所示。系统采用前向纠错(FEC)技术，在接收载噪比高于误码门限的条件下，可提供准无误码质量指标，即 5Mb/s 单节目解码下一小时的传输时间里不可纠正的错误少于一个，相当于传送流解复用前的误包率(PER)$<10^{-7}$。

如图 3－37 所示，DVB－S2 系统由下述功能模块组成：

- 模式适配模块：提供输入数据流接口，适配各种输入流格式，包括连续的比特流、单或多 MPEG 传送流、IP 流等。
- 流适配模块：生成固定长度的基带帧，并对基带帧加扰。
- 前向纠错模块：采用外码为 BCH 码、内码为 LDPC 码的级联码方式，对基带帧进行前向误码保护，对 8PSK、16APSK 和 32APSK 调制方式的已编码数据进行比特交织，经该模块处理，基带帧生成为 FEC 帧。
- 映射模块：根据所采用的调制方式，将每调制符号映射为正交调制所需的 I、Q 分量。
- 物理层成帧模块：与 FEC 帧同步，对输入数据形成规则的物理层帧结构，在物理层上进一步加扰以实现能量扩散。
- 成形滤波和正交调制模块：对物理层 I、Q 分量脉冲进行平方根升余弦滚降滤波，成形后通过正交调制实现频谱搬移。

综上所述，与 DVB－S 相比，DVB－S2 具有如下技术特点：

①灵活的输入接口适配：可接收各种格式的单输入流或多输入流，如 MPEG－2 传输复用流、基本数据流。输入信号可以是离散的数据包(Package)，也可以是连续的数据流(Stream)。从后续分析可知，每个流都可以有自己的错误保护方式。

②性能强大的前向纠错系统：采用 BCH 和 LDPC(低密度奇偶校验码)级联的信道编码方式，能有效降低系统解调门限，距离理论上的香农极限只有 0.7～1dB 的差距，在给定门限上的误包率(PER)低于 10^{-7}。

③高效的高阶调制技术：可提供包括 QPSK 的多种具有更高频带利用率的调制方式，如 8PSK、16APSK、32APSK。高阶 APSK 调制技术，更能适应具有非线性特性的卫星传输信道。

④可变的编码调制选择：对不同的服务内容，如 SDTV 和 HDTV、音频、多

媒体等，可以采用可变编码调制（Variable Coding and Modulation，VCM）技术来提供不同的错误保护级别和频谱效率，其中FEC码率11种选择、调制星座图4种选择，频带利用率在2～5b/s/Hz范围内变化。

⑤自适应编码调制技术（ACM）：当VCM功能和回传信道的使用结合在一起时，就构成了自适应编码调制（ACM）体系，可以根据信道状况对每个用户进行以帧为单位的信道编码和调制参数优化，使系统传输性能持续可靠稳定。

⑥三种频谱滚降系数：频谱成形中的升余弦滚降系数 α 可在0.35、0.25、0.2中选择，以适应不同的业务需求，较小的 α 可以获得更高的频谱利用率。

3.7.2　模式适配

此部分所进行的模式适配处理主要包括：输入流接口、输入流同步（可选）、空包删除（仅用于ACM和传输流输入格式），为接收端在包一级进行检错所做的CRC－8编码（仅用于打包形式的输入流），输入流合并（仅用于多输入流模式）以及分片（slicing）操作，最后在数据区之前需要插入一个基带头（Base－Band Header）用于指示接收端输入流的格式以及模式适配类型。

(1)输入接口

如图3－37所示，接口类型可有3种形式：

①MPEG传输流，其信号源主要是MPEG复用器。该模块中，传输流表征为用户包（User Packets，UP）的形式，具有固定包长度UPL（User Packet Length）＝188×8bit，第一个字节是同步字节（47HEX）；

②普通流，主要来自数据源。普通流可以表征为一个连续的比特流，或者固定长度的UP流，UPL最大值为64kbit，UPL＝0表示连续流，如果流中包的长度可变或者包的固定长度超过64kbit，则将其作为连续流处理；

③ACM指令，是由外部传输模式控制单元所设置的DVB－S2调制器传输参数，是特定的输入数据。

(2)输入接口同步

生成用户需要的传输时延，为打包形式的输入流（如TS流）保证恒定的比特率以及恒定的端到端传输延迟。

(3)空包删除

对 ACM 模式和传输流输入格式,需要将其中的 MPEG 空包(PID=8191_D)删除,从而降低速率以及提高误差保护能力。删除方式能够保证空包在接收端被重新插入至原来所在的位置。

(4)CRC-8 编码

该功能只应用于打包形式的输入流。长度为 UPL 比特的用户包,其起始部分是同步字节(如果原始的输入流不包含同步字节,则同步字节被设为 0_D)。用户包中的有用部分(不包括同步字节)由 8 比特 CRC 系统编码器对其进行处理,其生成多项式如下:

$$g(x) = (x^5+x^4+x^3+x^2+1)(x^2+x+1)(x+1) = x^8+x^7+x^6+x^4+x^2+1$$

CRC 编码器输出按下式计算

$$\text{CRC} = \text{remainder}[x^8 u(x):g(x)]$$

其中 u(x)是编码输入序列(UPL-8bits)对应的码多项式,得到的 CRC-8 字节将取代下一个用户包的同步字节,而同步字节则被拷贝至基带头的同步区(SYNC field)。

(5)合并/分片

分片模块从多个输入流中分别读取长度为 DFL 比特(Data Field Length)的数据区(Data Field),$K_{bch}-(10\times8)\geqslant DFL\geqslant0$。合并模块将分片模块所提取的不同数据区连接起来。如果只有一个输入流,则合并/分片模块被忽略。数据区是由来自同一个输入端口的数据组成,并且在传输中始终保持相同的传输模式(FEC 编码和调制)。

当使用了 CRC-8 字节取代同步字节以后,需要为接收端提供一个恢复用户包同步的方法(在接收端已经与数据区同步条件下)。合并/分片模块检测从数据区开始至第一个完整用户包第一比特之间的比特数,并将其存储在基带头的"同步距离"(SYNCDistance,SYNCD,图 3-38 所示)区中,SYNCD=0_D 表示第一个用户包与数据区对齐。

(6)基带头插入

在数据区之前需要插入一个长度为 10 字节的基带头(BBHEADER),基带

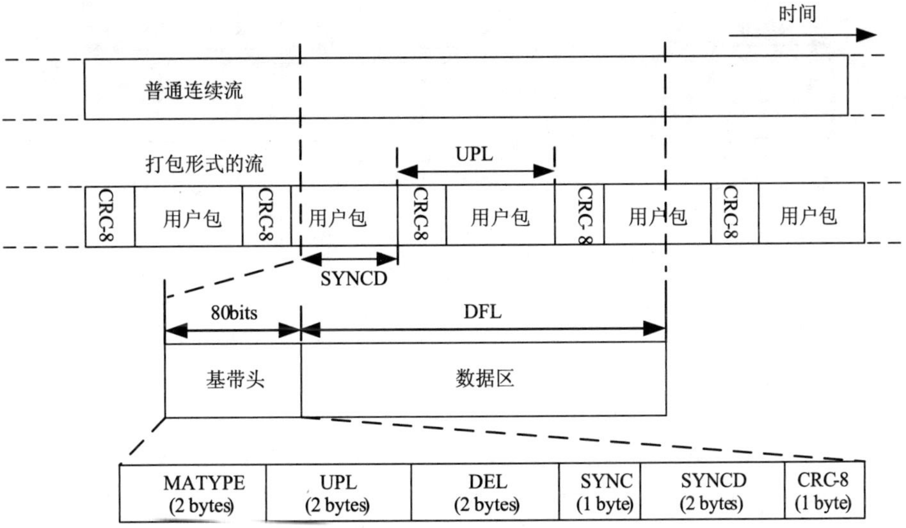

图 3－38　基带头和数据区结构图

头中的信息包括输入流格式、编码及调制类型（CCM 或 ACM）、模式适配的类型以及传输滚降因子。

基带头和数据区结构如图 3－38 所示，基带头中，MATYPE 描述输入流格式、模式适配的类型以及传输滚降因子；UPL 描述用户包的比特长度，范围在[0,65535]之间；DFL 描述数据区的比特长度，范围在[0,58112]之间；SYNC 复制用户包的同步字节；SYNCD 描述从数据区开始至第一个完整用户包第一比特之间的比特距离，$SYNCD=65535_D$ 表明数据区开始没有用户数据；CRC－8 用于对基带头的前 9 个字节进行误码检测。

3.7.3　流适配

流适配提供了填充的功能，用以生成一个完整的固定长度（K_{bch} 比特）的基带帧，并对基带帧进行加扰。K_{bch} 的大小取决于所采用的 FEC 码率。这一模块的输入流包括 80bit 的基带帧头和尾随其后的数据区（长度为 DFL），输出流则是一个完整的基带帧，输出端基带帧格式如图 3－39 所示。

当有效的用户数据不足以构成一个完整的基带帧，或者在一个基带帧中分配整数个用户包空间时，就有可能需要进行填充操作。在数据区之后填充

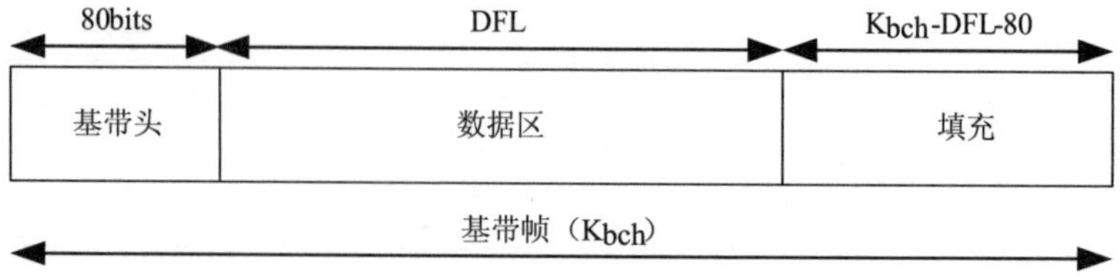

图 3－39 流适配输出端的基带帧格式

（K_{bch}－DFL－80）个零比特，最终生成的基带帧具有固定的长度值 K_{bch}。在广播服务应用中，DFL＝K_{bch}－80，无需进行填充操作。

此外，完整的基带帧还要进行随机化处理，随机化序列与基带帧同步。伪随机二进制序列（PRBS）特征多项式为 $1+x^{14}+x^{15}$，扰码器在每个基带帧开始时初始化，扰码器结构如图 3－40 所示。

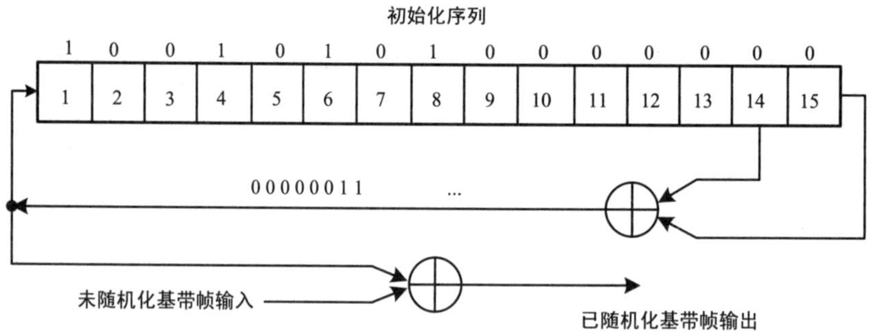

图 3－40 扰码器结构

3.7.4 前向纠错编码

该模块进行 BCH 外码编码、LDPC 内码编码和比特交织，输入流为基带帧格式，输出流 FEC 帧。首先，将基带帧作为输入信息段进行 BCH 编码，生成 BCH 校验位附加在基带帧之后构成 BCH 码字；然后，将 BCH 码字作为信息段进行 LDPC 编码，生成 LDPC 校验位附加在 BCH 码字后构成 LDPC 码字并作为 FEC 帧，如图 3－41 所示。系统支持两种 FEC 帧：帧长为 64800 比特的普通帧，有 11 种码率可选择，如表 3－9a 所示；帧长为 16200 比特的短 FEC 帧，有 10 种码率可选择，如表 3－9b 所示。

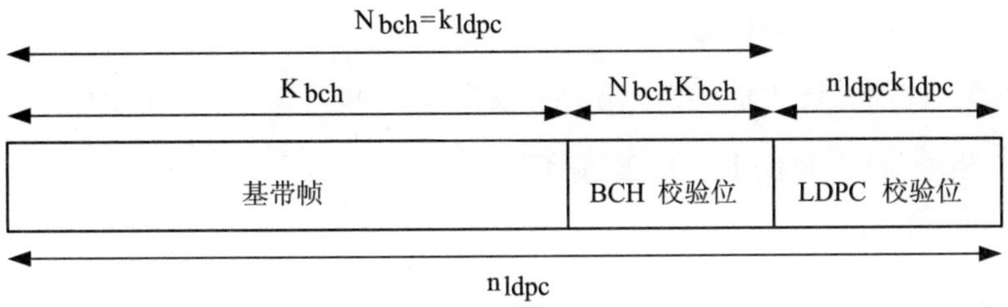

图 3－41　交织前的 FEC 帧结构

表 3－9a　DVB－S2 普通 FEC 帧参数

LDPC 码率	BCH 码 信息段长度 K_{bch}	BCH 码字长度 N_{bch} （LDPC 码信息段长度 k_{ldpc}）	BCH 码 纠错能力 t	LDPC 码字长度 n_{ldpc}
1/4	16008	16200	12	64800
1/3	21408	21600	12	64800
2/5	25728	25920	12	64800
1/2	32208	32400	12	64800
3/5	38688	38880	12	64800
2/3	43040	43200	10	64800
3/4	48408	48600	12	64800
4/5	52648	51600	12	64800
5/6	53840	54000	10	64800
8/9	57472	57600	8	64800
9/10	58192	58320	8	64800

表 3－9b　DVB－S2 短 FEC 帧参数

LDPC 码率	BCH 码 信息段长度 K_{bch}	BCH 码字长度 N_{bch} （LDPC 码信息段长度 k_{ldpc}）	BCH 码 纠错能力 t	LDPC 码字长度 n_{ldpc}
1/5	3072	3240	12	16200
1/3	5232	5400	12	16200
2/5	6312	6480	12	16200
4/9	7032	7200	12	16200
3/5	9552	9720	12	16200
2/3	10632	10800	12	16200
11/15	11712	11880	12	16200
7/9	12432	12600	12	16200
37/45	13152	13320	12	16200
8/9	14232	14400	12	16200

(1)外码编码(BCH)

具有 t 位纠错能力的 BCH 码的生成多项式由表 3－10 列出的前 t 个多项式 $g(x)$ 相乘获得，并按下述过程将信息段 $m=[m_{K_{bch-1}},m_{K_{bch-2}},...,m_1,m_0]$ 编为码字：

• 将信息多项式 $m(x)=m_{K_{bch-1}}x^{K_{bch-1}}+m_{K_{bch-2}}x^{K_{bch-2}}+\cdots+m_1x+m_0$ 乘以 $x^{N_{bch}-K_{bch}}$；

• 用生成多项式 $g(x)$ 除以 $x^{N_{bch}-K_{bch}}m(x)$ 得到余式：

$d(x)=d_{N_{bch}-K_{bch}-1}x^{N_{bch}-K_{bch}-1}+\cdots+d_1x+d_0$；

• 获得码多项式 $c(x)=x^{N_{bch}-K_{bch}}m(x)+d(x)$，形成码字：

$c=[m_{K_{bch-1}},m_{K_{bch-2}},...,m_1,m_0,d_{N_{bch}-K_{bch}-1},d_{N_{bch}-K_{bch}-2},...,d_1,d_0]$。

表 3－10a　DVB－S2 普通 FEC 帧 BCH 码生成项式因子

$g_1(x)$	$1+x^2+x^3+x^5+x^6$
$g_2(x)$	$1+x+x^4+x^5+x^6+x^8+x^{16}$
$g_3(x)$	$1+x^2+x^3+x^4+x^5+x^7+x^8+x^9+x^{10}+x^{11}+x^{16}$
$g_4(x)$	$1+x^2+x^4+x^6+x^9+x^{11}+x^{12}+x^{14}+x^{16}$
$g_5(x)$	$1+x+x^2+x^3+x^5+x^8+x^9+x^{10}+x^{11}+x^{12}+x^{16}$
$g_6(x)$	$1+x^2+x^4+x^5+x^7+x^8+x^9+x^{10}+x^{11}+x^{12}+x^{13}+x^{14}+x^{15}+x^{16}$
$g_7(x)$	$1+x^2+x^5+x^6+x^8+x^9+x^{10}+x^{11}+x^{13}+x^{15}+x^{16}$
$g_8(x)$	$1+x+x^2+x^5+x^6+x^8+x^9+x^{12}+x^{13}+x^{14}+x^{16}$
$g_9(x)$	$1+x^5+x^7+x^9+x^{10}+x^{11}+x^{16}$
$g_{10}(x)$	$1+x+x^2+x^5+x^7+x^8+x^{10}+x^{12}+x^{13}+x^{14}+x^{16}$
$g_{11}(x)$	$1+x^2+x^3+x^5+x^9+x^{11}+x^{12}+x^{13}+x^{16}$
$g_{12}(x)$	$1+x+x^5+x^6+x^7+x^9+x^{11}+x^{12}+x^{16}$

表 3－10b　DVB－S2 短 FEC 帧 BCH 码生成项式因子

$g_1(x)$	$1+x+x^3+x^5+x^{14}$
$g_2(x)$	$1+x^6+x^8+x^{11}+x^{14}$
$g_3(x)$	$1+x+x^2+x^6+x^9+x^{10}+x^{14}$
$g_4(x)$	$1+x^4+x^7+x^8+x^{10}+x^{12}+x^{14}$
$g_5(x)$	$1+x^2+x^4+x^6+x^8+x^9+x^{11}+x^{13}+x^{14}$
$g_6(x)$	$1+x^3+x^7+x^8+x^9+x^{13}+x^{14}$

续表

$g_7(x)$	$1+x^2+x^5+x^6+x^7+x^{10}+x^{11}+x^{13}+x^{14}$
$g_8(x)$	$1+x^5+x^8+x^9+x^{10}+x^{11}+x^{14}$
$g_9(x)$	$1+x+x^2+x^3+x^9+x^{10}+x^{14}$
$g_{10}(x)$	$1+x^3+x^6+x^9+x^{11}+x^{12}+x^{14}$
$g_{11}(x)$	$1+x^4+x^{11}+x^{12}+x^{14}$
$g_{12}(x)$	$1+x+x^2+x^3+x^5+x^6+x^7+x^8+x^{10}+x^{13}+x^{14}$

(2)内码编码(LDPC)

LDPC编码器固定地将一个长度为 k_{ldpc} 的信息块 $i=[i_0,i_1,...,i_{k_{ldpc}}]$ 编码为长度为 n_{ldpc} 的码字 $c=[i_0,i_1,...,i_{k_{ldpc}},p_0,p_1,...,p_{n_{ldpc}-k_{ldpc}-1}]$。对码字的传输依照给定的顺序,从 i_0 开始至 $p_{n_{ldpc}-k_{ldpc}-1}$ 结束。LDPC码参数(n_{ldpc},k_{ldpc})见表3-9。另外针对每一种码率,系统对普通FEC帧和短FEC帧都提供了奇偶位累加器地址查找表。

对每个长度为 k_{ldpc} 的信息块 $i=[i_0,i_1,...,i_{k_{ldpc}}]$,编码器的任务是确定 $n_{ldpc}-k_{ldpc}$ 个奇偶校验位 $[p_0,p_1,...,p_{n_{ldpc}-k_{ldpc}-1}]$,计算过程如下:

- 初始化:$p_0=p_1=\cdots=p_{n_{ldpc}-k_{ldpc}-1}=0$;
- 用 i_0 对指定地址查找表(参见DVB-S2标准附录B的表1至表11)的第一行指定的校验位进行累加(在GF(2)上)更新;
- 对接下来的359个信息位 i_m,$m=1$、2、…、359,用 i_m 对地址 $\{x+(m\text{mod}360)\times q\}\text{mod}(n_{ldpc}-k_{ldpc})$ 的校验位进行累加更新,其中 x 为累加 i_0 所对应的校验位地址。q 为常数,取值依不同码率而定,见表3-11;
- 对信息位 i_{360},进行累加更新的校验位地址在指定地址表(参见DVB-S2标准附录B的表1至表11)的第二行给出。后续的359个信息位 i_m,$m=361$、362、…、719的校验位累加地址也是通过方程 $\{x+(m\text{mod}360)\times q\}\text{mod}(n_{ldpc}-k_{ldpc})$ 获得。其中 x 表示累加 i_{360} 所对应的校验位地址;
- 依此类推,对每组新的360个信息位,利用地址查找表新的一行可获取应更新的校验位累加地址。

当穷尽所有信息位之后,采用以下步骤对校验位进行确定:

- 从 $i=1$ 开始，依序执行下列运算：$p_i = p_i \oplus p_{i-1}, i=1,2,\cdots,n_{ldpc}-k_{ldpc}-1$
- 最终得到的 $p_i, i=0,1,\cdots,n_{ldpc}-k_{ldpc}-1$ 即为校验位 p_i。

表 3－11 LDPC 编码参数 q

普通帧		短帧	
码率	q	码率	q
1/4	135	1/5	36
1/3	120	1/3	30
2/5	108	2/5	27
1/2	90	4/9	25
3/5	72	3/5	18
2/3	60	2/3	15
3/4	45	11/15	12
4/5	36	7/9	10
5/6	30	37/45	8
8/9	20	8/9	5
9/10	18		

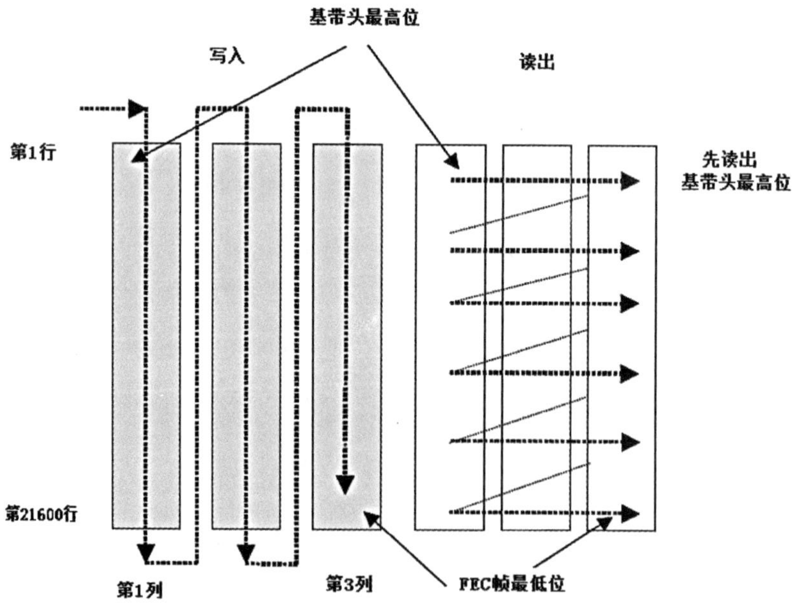

图 3－42 普通帧 8PSK 比特交织原理图(3/5 码率除外)

(3)比特交织(仅应用于 8PSK、16APSK 和 16APSK 方式)

当使用 8PSK、16APSK 和 32APSK 调制方式时,应对 LDPC 编码器的输出进行比特交织,交织方式为分组交织,对分组交织器,数据按列写入按行读出,如图 3－42 和图 3－43 所示。各调制方式下的分组交织参数见表 3－12。

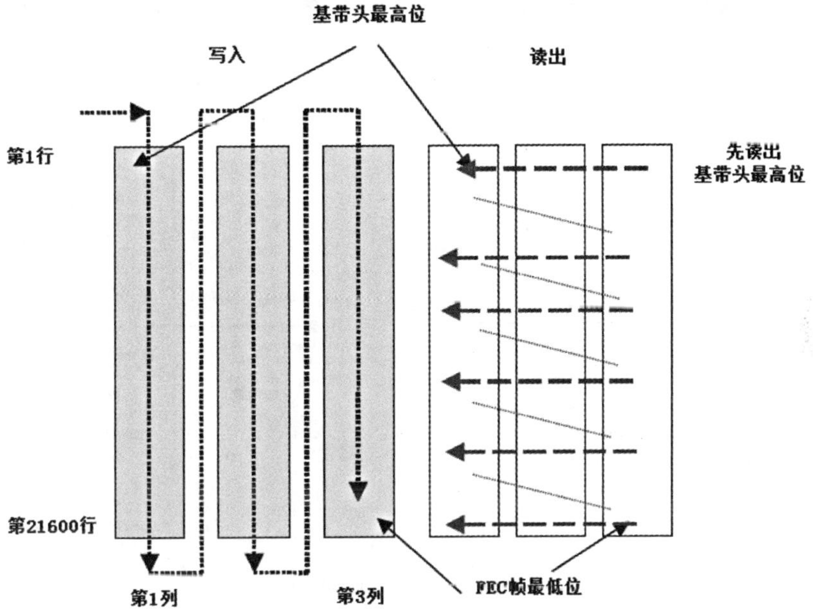

图 3－43 普通帧 3/5 码率 8PSK 比特交织原理图

表 3－12 比特交织参数

调制方式	行数		列数
	普通帧	短帧	
8PSK	21600	5400	3
16APSK	16200	4050	4
32APSK	12960	3240	5

3.7.5 星座点映射

映射的作用是将串行的 FEC 帧转换为调制方式所需的并行 I、Q 分量序列,输出序列分组为 XFEC 帧。DVB－S2 规定的 4 种映射方式及其映射参数

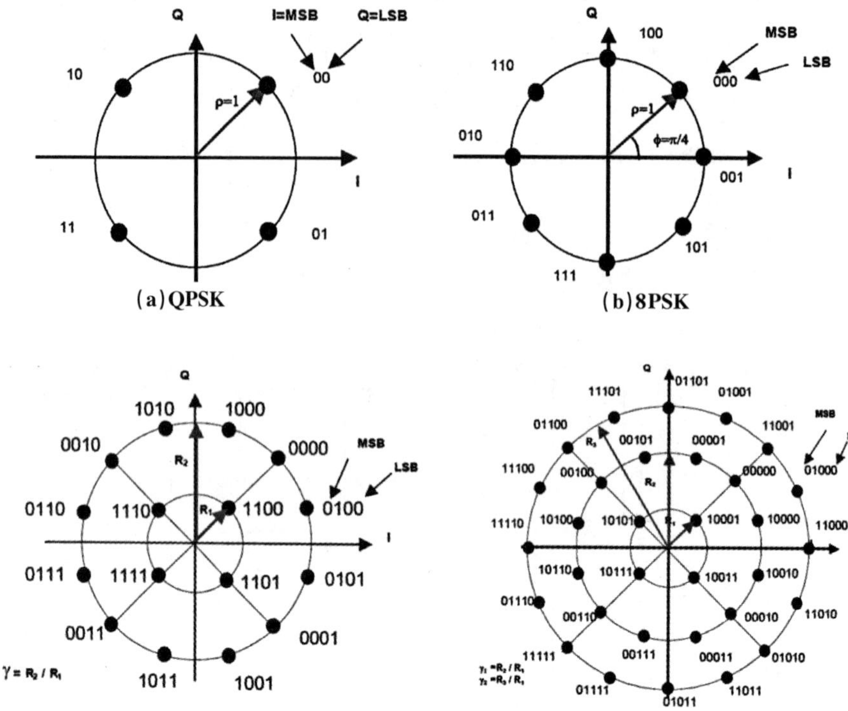

(a)QPSK (b)8PSK

(c)16APSK (d)32APSK

图 3－44 星座图

如下：

- QPSK，调制效率 $\eta_{MOD}=2$，采用格雷码绝对映射，每个符号的归一化平均功率 $\rho^2=1$，星座图如图 3－44(a)所示；第 $2i$ 和 $2i+1$ 比特映射为第 i 个 QPSK 符号，其中 $i=0$、1、2、…、$(n_{ldpc}/2)-1$；
- 8PSK，$\eta_{MOD}=3$，采用格雷码绝对映射，每个符号的归一化平均功率 $\rho^2=1$，星座图如图 3－44(b)所示；除了 3/5 码率的 FEC 编码，FEC 帧的第 $3i$、$3i+1$ 和 $3i+2$ 比特映射为第 i 个 8PSK 符号，而对 3/5 码率，第 $3i+2$、$3i+1$ 和 $3i$ 比特映射为第 i 个 8PSK 符号，其中 $i=0$、1、2、…、$(n_{ldpc}/3)-1$；
- 16APSK，$\eta_{MOD}=4$，星座图由 2 个同心圆构成，圆上星座点均匀分布构成 4＋12PSK，星座图如图 3－44(c)所示；外圆和内圆半径比 $\gamma=R_2/R_1$，γ 取值如表 3－13 所示，若 $4R_1{}^2+12R_2{}^2=16$，则平均信号功率为 1；FEC 帧

的第 $4i$、$4i+1$、$4i+2$ 和 $4i+3$ 比特映射为第 i 个 16APSK 符号，其中 $i=0$、1、2、…、$(n_{ldpc}/4)-1$；

- 32APSK，$\eta_{MOD}=5$，星座图由三个同心圆构成，圆上星座点均匀分布构成 4+12+16PSK，星座图如图 3－44(d)所示；三个圆半径之比为 $\gamma_1=R_2/R_1$，$\gamma_2=R_3/R_1$，γ_1 和 γ_2 取值如表 3－14 所示，若 $4R_1^{\ 2}+12R_2^{\ 2}+16R_3^{\ 2}=32$ 则平均信号功率为 1；FEC 帧的第 $5i$、$5i+1$、$5i+2$、$5i+3$ 比和 $5i+4$ 比特映射为第 i 个 32APSK 符号，其中 $i=0$、1、2、…、$(n_{ldpc}/5)-1$。

映射后的符号分组 XFEC 帧长度为 $64800/\eta_{MOD}$（普通帧）或 $16200/\eta_{MOD}$（短帧）。

表 3－13　16APSK 方式的 γ 取值

码率	频带利用率	γ
2/3	2.66	3.15
3/4	2.99	2.85
5/6	3.32	2.70
8/9	3.55	2.60
9/10	3.59	2.57

表 3－14　32APSK 方式的 γ_1 和 γ_2 取值

码率	频带利用率	γ_1	γ_2
3/4	3.74	2.84	5.27
4/5	3.99	2.72	4.87
5/6	4.165	2.64	4.64
8/9	4.424	2.54	4.33

3.7.6　物理层成帧

该模块通过进行下述处理生成物理层帧，加扰前的物理层帧结构，如图 3－45所示：

- 将 XFEC 帧分割为 S 个 Slot，S 为整数，其数量取决于映射方式，如表 3－15所示，每 Slot 长度为 90 符号；

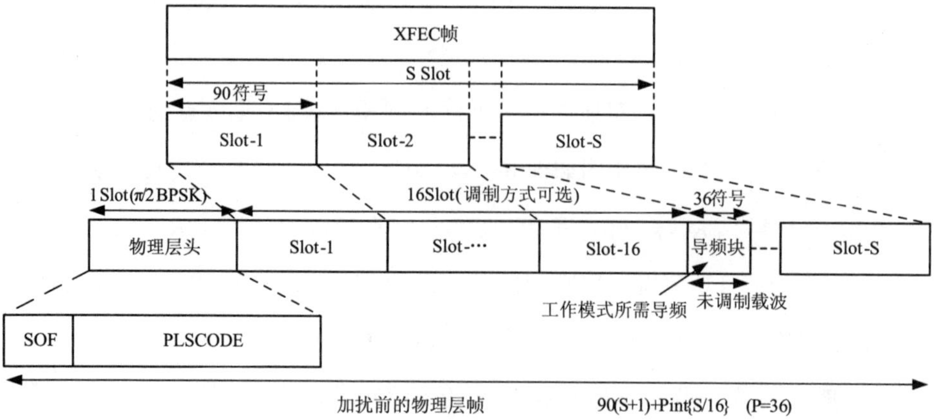

图 3—45 加扰前的物理层帧结构

- 为方便接收机配置，在 XFEC 帧结构前面插入物理层帧头，用于传输物理层信令，物理层头占用 1 个 Slot，含 90 符号，采用 BPSK 调制；物理层帧头中，SOF 包含 26 个符号，定义物理层帧的同步头；PLSCODE 含 64 个符号，传输物理层信令码，指示 XFEC 帧的调制、FEC 码率、FEC 帧长、有无导频等，这些信令预留 7 比特即可，为保证信令可靠传输，该 7 比特经双正交编码为 64 比特的信令码字。
- 为帮助接收机建立同步，每 16 个 Slot 插入 1 个导频块，每个导频块包含 36 个导频符号，每个导频符号为 $I=1/\sqrt{2}$、$Q=1/\sqrt{2}$；
- 在没有 XFEC 帧传输条件下插入物理层空帧，空帧包括物理层头和 36 个 Slot，Slot 中的符号均为 $I=1/\sqrt{2}$、$Q=1/\sqrt{2}$；
- 形成物理层帧结构后，对物理层帧头以外的数据进行能量扩散，方法是用复随机序列(C_I+jC_Q)乘以样值序列$(I+jQ)$，生成加扰的 I、Q 分量序列，$I_{\text{SCRAMBLED}}=IC_I+QC_Q$，$Q_{\text{SCRAMBLED}}=IC_Q+QC_I$，复随机序列产生器在每个物理层帧头结束时重新初始化。

表 3－15　XFEC 帧中的 Slot 数量

η_{MOD}	S	
	普通帧	短帧
2	360	90
3	240	60
4	180	45
5	144	36

3.7.7　基带成形和正交调制

物理层帧随机化后，分别对 I、Q 信号进行平方根升余弦滚降滤波，根据业务需求滚降系数 α 可选择 0.35、0.25 和 0.2。滤波器理论传递函数由下式定义：

$$H(f)=\begin{cases}1 & |f|<f_N(1-\alpha)\\ \left[\dfrac{1}{2}+\dfrac{1}{2}\sin\dfrac{\pi}{2f_N}\left(\dfrac{f_N-|f|}{\alpha}\right)\right]^{\frac{1}{2}} & f_N(1-\alpha)\leqslant|f|\leqslant f_N(1+\alpha)\\ 0 & |f|>f_N(1+\alpha)\end{cases}$$

其中：f_N 为奈奎斯特频率，$f_N=1/(2T_S)=f_S/2$。

将滤波后的 I 分量样值乘以同相载波 $\cos(2\pi f_0 t)$、Q 分量样值乘以正交载波 $\sin(2\pi f_0 t)$、并将 2 路结果叠加，即可获得已调信号（f_0 为载波频率）。

3.7.8　误码性能要求

表 3－16 给出 DVB－S2 系统普通帧信号在 AGWN 信道下达到准无误码指标所需的理想 E_S/N_0 仿真结果，E_S 为每传输符号的平均能量。对于短帧信号，需要考虑 0.2～0.3dB 的恶化，即在表 3－16 数据上加上 0.2～0.3dB。表中 PER 是传送流包（188 字节）在前向纠错后的误包率。频带利用率为普通帧无导频情况下的计算结果。

表 3－16　DVB－S2 系统普通帧误码性能

模式	频带利用率	前向纠错后传送流包 PER＝10^{-7}所需的理想 E_S/N_0(dB)
QPSK　1/4	0.490243	－2.35
QPSK　1/3	0.656448	－1.24
QPSK　2/5	0.791874	－0.30
QPSK　1/2	0.988857	1.00
QPSK　3/5	1.188303	2.23
QPSK　2/3	1.322251	3.10
QPSK　3/4	1.487472	4.03
QPSK　4/5	1.587195	4.68
QPSK　5/6	1.654662	5.18
QPSK　8/9	1.766451	6.20
QPSK　9/10	1.788612	6.42
8PSK　3/5	1.779989	5.50
8PSK　2/3	1.980633	6.62
8PSK　3/4	2.228122	7.91
8PSK　5/6	2.478560	9.35
8PSK　8/9	2.646012	10.69
8PSK　9/10	2.679207	10.98
16APSK　2/3	2.637197	8.97
16APSK　3/4	2.966726	10.21
16APSK　4/5	3.165621	11.03
16APSK　5/6	3.300181	11.61
16APSK　8/9	3.523142	12.89
16APSK　9/10	3.567341	13.13
32APSK　3/4	3.703293	12.73
32APSK　4/5	3.951568	13.64
32APSK　5/6	4.118537	14.28
32APSK　8/9	4.397854	15.69
32APSK　9/10	4.453027	NA

本章小节

DVB－S系统支持MPEG－2传输流，采用外码为RS码、内码为卷积码的前向差错控制方式和QPSK调制方式。编码前首先对MPEG－TS流进行传送复用适配和用于能量扩散的随机化处理，PRBS产生器以8个传送包为周期重新初始化，将每组8个传送包中的第一个传送包的MPEG－2同步字节从47_{HEX}逐比特取反转换到$B8_{HEX}$；随机化的传送包经外码编码生成RS(204，188，T＝8)误码保护包，具有纠正每个包不超过8字节即64比特误码的能力；然后对误码保护包进行深度为12的卷积交织处理，生成长度为204字节的交织帧序列；DVB－S系统内码允许使用一系列基于(2，1，7)卷积码的删除型卷积码，对于给定的业务或数据速率，通过选择合适的编码效率就以达到最佳的误码保护水平。该系统允许使用的编码效率为1/2、2/3、3/4、5/6、7/8。DVB－S系统在调制前对I和Q信号进行平方根升余弦滚降滤波，滚降系数为0.35，然后进行绝对映射格雷码QPSK调制。

与DVB－S相比，DVB－S2具有如下技术特点：可接收多种格式的单输入流或多输入流，每个流都可以有自己的错误保护方式；采用BCH码和LDPC码级联的差错控制方式，能有效降低系统解调门限；可提供包括QPSK、8PSK、16APSK和32APSK的多种具有更高频带利用率的调制方式；可以采用可变编码调制(VCM)技术来提供不同的错误保护级别和频谱效率，其中FEC码率11种选择、调制星座图4种选择，频带利用率2～5b/s/Hz范围内变化；可以提供0.35、0.25和0.2等3种频谱滚降系数，以适应不同的业务需求；VCM功能与回传信道结合使用，可构成自适应编码调制(ACM)体系，使每个用户根据信道状况进行以帧为单位的信道编码和调制参数优化。

本章围绕DBV－S和DBV－S2卫星广播系统，还阐述了信源编码、信道编码和数字调制技术基本原理。

延伸阅读

本章围绕DBV－S和DBV－S2系统，阐述卫星广播系统信源编码、信道编码和数字调制技术基本原理以及两个系统各功能模块工作原理。更多关于信源编码的基础内容和信道编码的深入内容，请参考以下书籍：

- 李泽年：《多媒体技术教程》；吴乐南：《数据压缩》等；
- 王新梅、肖国镇：《纠错码—原理与方法》第七章“BCH 码与 Goppa 码”、第十二章“卷积码的概率译码”；
- 肖杨：《Turbo 与 LDPC 编解码及其应用》第 5 章“LDPC 编码算法与译码算法”、第 8 章“DVB－S2 标准中的 LDPC 码”。

思考与练习

1. 解释什么是 FEC 编码，一个信息速率为 2.048Mb/s 的数据信号，采用编码效率为 3/4 的 FEC 编码后，传输速率为多少 Mb/s?

2. 解释级联码概念，并说明使用它的原因。

3. 解释在信道编码中所用的交织的含义，并说明使用它的原因。

4. 一个基带信号的比特率为 2.048Mb/s，信号在对载波调制前进行了效率为 7/8 的 FEC 编码，系统采用滚降系数为 0.25 的升余弦滤波，求 BPSK 和 QPSK 所需带宽。

5. 一个 BPSK 信号在接收端的 E_b/N_0 值为 8dB，求比特差错概率；一个采用格雷码映射的 QPSK 信号在接收端的 E_b/N_0 值为 8dB，求比特差错概率。

6. 简述 DVB－S 系统对输入数据流所作的处理及其技术参数。

7. 说明 DVB－S2 与 DVB－S 相比的技术特点。

参考文献

1.〔加〕李泽年：《多媒体技术教程》，机械工业出版社 2007 年版。

2. 吴乐南：《数据压缩》，电子工业出版社 2005 年版。

3. 车晴、王京玲编：《数字卫星广播系统》，北京广播学院出版社 1999 年版。

4. 王新梅、肖国镇编：《纠错码——原理与方法》，西安电子科技大学出版社 2004 年版。

5. Gallager R G，*Low－Density Parity Check Codes*，Cambridge，MA：MIT

Press, 1963.

6. MacKay D J, "Neal R M, Near Shannon limit performance of low density parity check codes", Electronics Letters, 1996, vol. 32, No. 18, pp 1645 – 1646.

7. 杨知行等编著:《地面数字电视传输技术与系统》,人民邮电出版社 2009 年版。

8. 肖杨:《Turbo 与 LDPC 编解码及其应用》,人民邮电出版社 2010 年版。

9. 史治平编著:《多元 LDPC 码及其在无线通信中的应用》,国防工业出版社 2012 年版。

10. 文红等编著:《LDPC 码原理与应用》,电子科技大学出版社 2006 年版。

11. 〔美〕John G. Proakis, Masoud Salehi 著,李锵等译:《通信系统原理》,电子工业出版社 2006 年版。

12. 曹志刚、钱亚生:《现代通信原理》,清华大学出版社 1992 年版。

13. DVB – S Standard ETS 300 421. 1994.

14. DVB – S2 Standard Draft ETSI EN 302 307 V1.1.1 [S]. 2004

第 4 章　卫星接收系统

■ **本章要点：**

1. 抛物面天线和卡塞格伦天线工作原理及主要参数
2. 馈源工作原理
3. 高频头和卫星接收机工作原理.特性参数

本章主要讨论卫星接收系统各个组成部分的基本概念，重点介绍它们的特性参数，这对于工程技术人员来说是必须掌握的内容。

4.1　卫星接收天线

当前广泛使用的卫星接收天线为反射面天线。反射面天线是由反射面和馈源两部分组成的，馈源本身叫做喇叭天线。在工程上通常根据馈源与反射面的相对位置，将反射面天线分为前馈天线、后馈天线和偏馈天线三种形式，如图 4－1 所示；而从工作原理上来说，常见的卫星接收天线可以分为旋转抛物面天线、卡赛格伦天线、格里高利天线、球形反射面天线等几种类型。

分析反射面天线的工作原理，通常可以采用的方法有：几何光学法、口面场积分法、口面电流法等；在工程上则往往采用几何光学法，尽管几何光学法是一种近似的分析方法，但是它概念清楚、便于理解，且重点突出。几何光学法的基本出发点有两条：①光线沿直线传播，②入射角等于反射角。

(a)前馈天线　　(b)后馈天线　　(c)偏馈天线

图 4—1　卫星接收天线

4.1.1　旋转抛物面天线

旋转抛物天线是最常用的卫星天线形式，它是一种主瓣尖锐、副瓣电平比较低、高增益天线，由一个反射面和馈源组成，广泛地应用在卫星接收系统中。由于它的馈源位于反射面的前方，故又称为前馈天线，见图 4—1(a)。

反射面直径在 1～4.5m 范围内的卫星接收天线，多采用前馈天线的形式。

在解析几何中，把到一个定点(称为焦点)和一条直线(称为准线)等距离的点的运动轨迹定义为抛物线，将抛物线沿着对称轴旋转一周就形成了旋转抛物面。将抛物线的焦点 F 放在坐标原点上，设 P 点为抛物线上任意一点，P 点的坐标为(y,z)，于是在图 4—2 所示的 yz 坐标系内，抛物线的方程为：

$$y^2 = 4f(f - z) \tag{4-1}$$

式中，f 为抛物线的焦距，焦距是焦点 F 到抛物线顶点 A 的距离。

抛物线的极坐标方程为：

$$r = \frac{2f}{1 + \cos\theta} \quad (\theta < \theta_0) \tag{4-2}$$

旋转抛物面本身有四个几何参数：焦距 f、口面直径 d、口面半张角 θ_0 和抛物面的厚度 W，它们之间的关系为：

$$\tan\frac{\theta_o}{2} = \frac{d}{4f} \tag{4-3}$$

$$16fW = d^2 \tag{4-4}$$

上式表明，旋转抛物面只有两个独立的几何参数。若已知焦距口径比 f/d

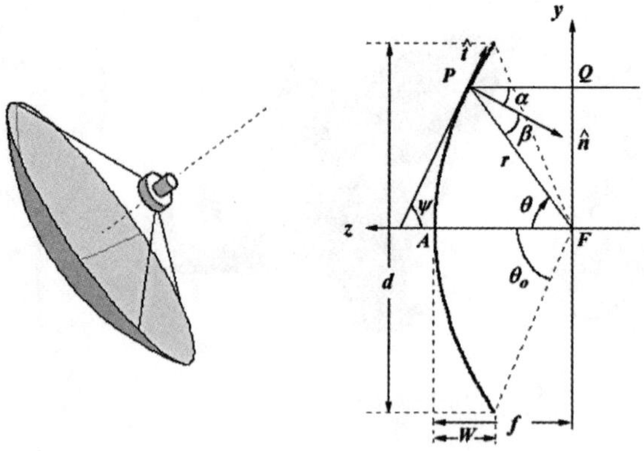

图 4—2 旋转抛物面和抛物线

的话，也就是说确定了一个几何参数，抛物面的形状就确定了；而当焦距和口面直径确定之后，旋转抛物面的几何尺寸和形状就都确定了。

由式(4—4)可以很容易地根据反射面的直径和厚度求出反射面的焦距，这在实际工作中是有用的。

旋转抛物面天线的焦距口径比是该天线一项基本的参数，其数值决定了反射面的曲率和形状。当 $f=0.25d$ 时，称为中焦天线，焦点正好位于天线的口面上；当 $f<0.25d$ 时，称为短焦天线，焦点位于天线口面与反射面之间；当 $f>0.25d$ 时，称为长焦天线，焦点位于天线口面以外，见图 4—3。通常卫星接收天线的焦距口径比在 0.3～0.4 之间，理论计算表明当 $f=0.38d$ 时，旋转抛物面天线的性能为最好。

抛物线有两个重要的几何光学性质：①平行于抛物线对称轴方向入射的射线经抛物线反射之后一定经过焦点；②平行于抛物线对称轴方向入射的射线经抛物线反射之后到达焦点时，所走过的路程是相同的。

根据图 4—2 中的几何关系，可以求出 $\alpha=\beta$，这就证明了上述第一条几何光学性质；还可以求出 $\overline{QP}+\overline{PF}$ 为常数，于是就证明了上述的第二条几何光学性质。

根据几何光学的结论，旋转抛物面天线的工作原理可以表述为：当旋转抛物面天线的轴线对准卫星之后，卫星发射出来的电磁波平行于天线的轴线方向

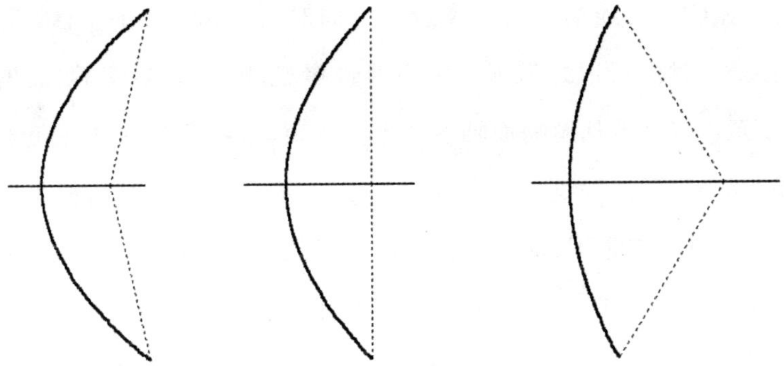

(a)短焦抛物面　(b)中焦抛物面　(c)长焦抛物面

图 4－3　不同焦距的抛物面

传播，经反射面反射之后在焦点处同相聚焦，于是将馈源安放在反射面的焦点处，就可以接收到反射面所截获的电磁波。

同相聚焦有两层含义，当电波传播的距离相同时，其相位相同；而所有反射线都经过焦点，就称为在焦点处聚焦。相位相同是很重要的，这样确保了各条射线在叠加的过程中，彼此之间一点都不抵消。图 4－4(a)为天线对准卫星时聚焦现象的示意图。

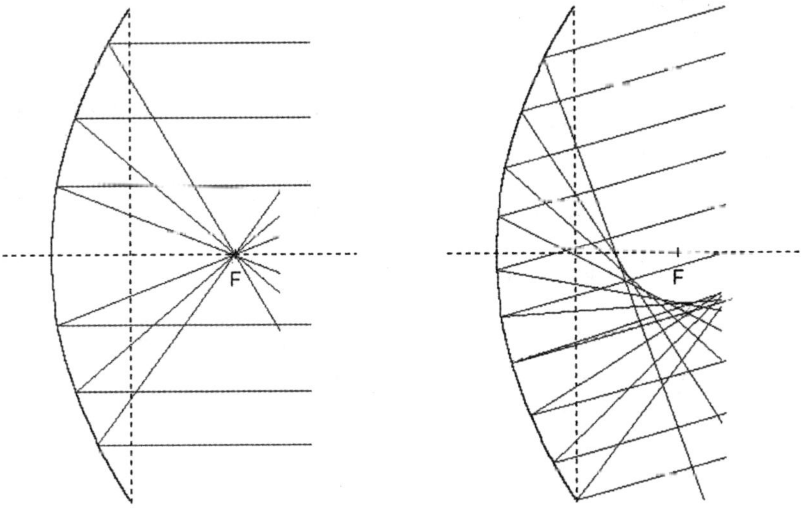

(a)(天线对准卫星时)聚焦　(b)(天线未对准卫星时)散焦

图 4－4　聚焦和散焦示意图

当旋转抛物面天线的轴线偏离卫星方向时，根据入射角等于反射角的原理，电磁波经反射面反射之后就一定不经过焦点，因而就形成了“散焦”，如图4－4(b)所示。当电波从抛物面轴线的上方入射时，各条反射线在焦点的下方形成一散焦线，不同的射线在不同的地点相交，同时各条射线的相位也不大相同。显然在此种状态之下，即使将馈源的位置从焦点处向下方移动，由于各条射线不汇聚在一起，同时相位也不一致，天线的增益会受到很大的影响。

以上的讨论是针对工作在接收状态的旋转抛物面天线而作出的；天线在发射状态时情况类似，馈源依然放置在焦点，从焦点发出的球面电磁波经反射面反射之后变为平面电磁波，电波沿抛物面的轴线方向传播。

4.1.2 卡赛格伦天线

卡赛格伦天线是双反射面天线，它由主反射面、副反射面和馈源三部分组成，多用作大口径卫星接收天线或卫星发射天线。口面直径超过4.5m以上时，往往就采用卡赛格伦天线。卡赛格伦天线最早出现在20世纪60年代，它是从光学的卡赛格伦反射望远镜演变而来的。卡赛格伦(Giovanni D. Cassegrain)是法国物理学家和天文学家，他于1672年设计出卡赛格伦反射望远镜。1961年，汉南(P. W. Hannan)将卡赛格伦反射器的结构移植到了微波天线上。

卡赛格伦天线的几何结构如图4－5所示，它的主反射面(简称主面)仍然是旋转抛物面，而它的副反射面(简称副面)是旋转双曲面。

主面有3个几何参数：主面的直径d、主面的焦距f和主面的半张角θ_0。副面有两个焦点，一个为虚焦点F_1，另一个为实焦点F_2，虚焦点的位置是与主面的焦点重合在一起的。卡赛格伦天线的馈源放置在副面的实焦点F_2处。

根据双曲线的几何光学性质，可以解释副反射面的作用。双曲线的几何光学性质是：

①对准虚焦点发出的射线经过双曲线反射之后，必然经过实焦点；

②从反射点到两个焦点的行程差为常数，对于电磁波来说就是相位差为常数。

根据双曲面的几何光学性质，作为接收天线来说，各条反射线本应该同相

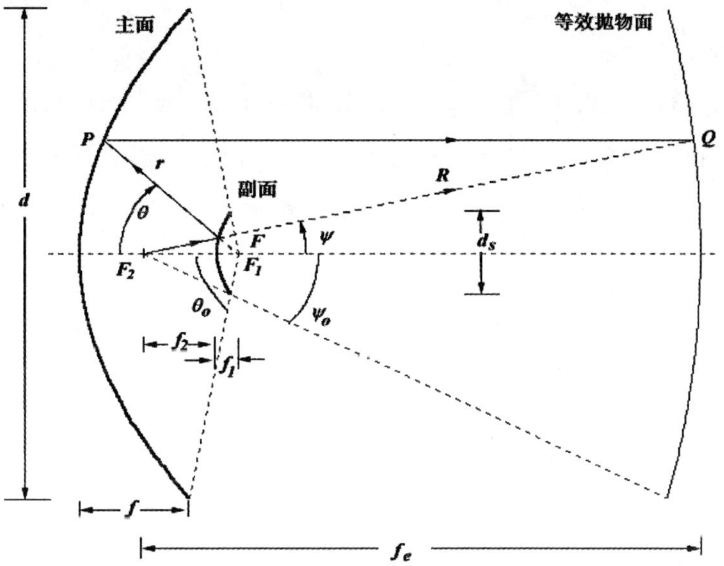

图 4－5　卡赛格伦天线的几何关系

聚焦在主面的焦点处，由于存在副反射面，经过反射之后各条反射线便同相聚焦在副面的实焦点处，也就是说，副面的作用是将焦点进行搬移。

卡赛格伦天线等效于长焦抛物面天线。采用几何光学法对卡赛格伦天线进行分析可引出一个等效抛物面，如图 4－5 所示，等效抛物面的焦距比实际抛物面焦距长得多。虽然长焦抛物面的电气性能优良，但天线轴向尺寸过长会影响结构稳定性，而采用卡赛格伦天线能够较好地解决这个问题。

影响卡赛格伦天线效率的因素很多，主要有副反射面截获效率、主反射面截获效率、主反射面振幅渐消效率、副反射面遮挡效率、主反射面公差效率、馈源偏焦效率等。为了提高卡赛格伦天线的效率，实际使用的是变形卡赛格伦天线，即对主、副反射面形状进行修改，使其中心部分变得更凸，能够使天线口面场的幅度和相位更加均匀，从而提高天线效率。

4.1.3　格里高利天线

格里高利天线也是一种双反射面天线，它通常在上行地球站中作为卫星发射天线使用。格里高利天线就是从格里高利望远镜演变而来的，格里高利

(James Gregory) 是 17 世纪苏格兰的一位数学家,他于 1663 年设计出了格里高利望远镜。

格里高利天线由主反射面、副反射面和馈源组成,其主面仍然是旋转抛物面,而其副面为凹椭球面,格里高利天线可以安装两个馈源,这样接收和发射就能够同时共用一副天线。格里高利天线的结构如图 4—6 所示,它也属于后馈天线。

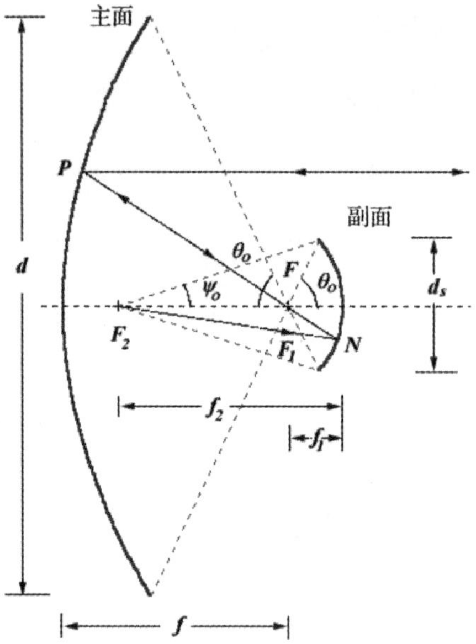

图 4—6 格里高利天线结构

主面有 3 个几何参数:主面的直径 d、主面的焦距 f 和主面的半张角 θ_0。副面(凹椭球面)有两个实焦点 F_1 和 F_2,焦点 F_1 的位置是与主面的焦点 F 重合在一起的。

格里高利天线有两个实焦点,因此可以安装两个馈源,一个用于发射,另一个用于接收。通常可以将接收馈源安放在焦点 F_1 处,由于这个位置同时也是主面的焦点,因此接收天线就是一个旋转抛物面天线;而发射馈源则安放在焦点 F_2 处。

椭球的几何光学性质是:

①从一个焦点发出的射线经过凹椭球面反射之后，必然经过另一个焦点；

②从反射点到两个焦点的行程之和为常数，对于电磁波来说就是相位为常数。

于是对于发射天线来说，从焦点 F_2 处发出的射线经过凹椭球面反射之后，同相聚焦在焦点 F_1 处(即主面的焦点处)，然后经过主面反射之后形成平面电磁波；也就是说，凹椭球面的作用是将发射馈源从焦点 F_2 变换到主反射面的焦点处。

由于格里高利天线可以收发共用，因此它可以在上行地球站内使用。

4.1.4　偏馈天线

偏馈天线是相对前馈天线和后馈天线而言的。由于偏馈天线具有比较高的效率，因此近年来在卫星接收系统中，偏馈天线使用得越来越多。

在前馈天线(旋转抛物面天线)中，由于馈源位于反射面的正前方，因此它对反射面会产生一定程度的遮挡；而在后馈天线(卡赛格伦天线、格里高利天线)中，副反射面对主反射面会产生比较明显的遮挡，由于遮挡现象的存在，必然使天线的口面效率有所降低。而在偏馈天线中，馈源或副反射面偏离反射面的正前方，因此对反射面没有遮挡，故提高了天线的口面效率。另外，由于馈源或副面不产生遮挡，所以偏馈天线方向图的旁瓣电平要低一些，这样有利于抗干扰。

实际上，偏馈天线就是截取前馈天线或后馈天线的一部分而构成的，这样馈源或副面对反射面就不产生遮挡了，从而提高了天线的口面效率。偏馈天线的基本结构如图 4－7 所示，其中双反射面的偏馈天线是格里高利型的。从该图中可以清楚地看出，偏馈天线的工作原理与前馈天线或后馈天线是完全一样的，以卫星接收天线为例，当天线对准卫星之后，反射面将截获的电磁波同相聚焦在馈源处。需要特别说明的是，偏馈天线中存在一个偏馈角，它是反射面中心的法线与天线方向图主瓣轴线之间的夹角，由于偏馈角的存在，与前馈天线或后馈天线相比，偏馈天线的口面面积 A 比天线反射面的边缘所包含的实际面积 A_S 要小一些，两者之间的关系为：

$$A = A_S \cdot \cos\delta \qquad (4-5)$$

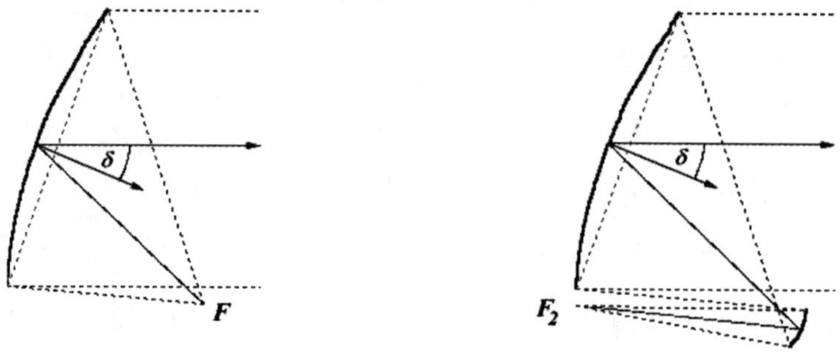

(a)单反射面　　(b)双反射面

图 4—7　偏馈天线的结构示意图

根据口面的形状,偏馈天线可以进一步分成椭圆形口面和圆形口面两种类型,如图 4—8 所示。需要特别说明的是,椭圆形口面的偏馈天线从外表上看则是圆形的;而圆形口面的偏馈天线从外表上看却类似椭圆形。

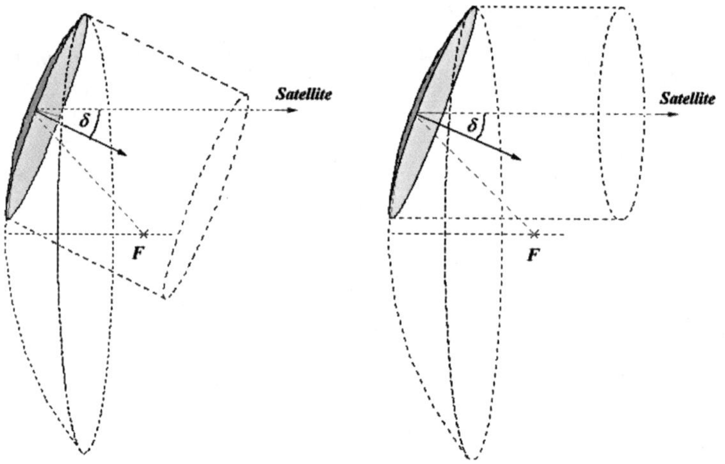

(a)椭圆形口面　　(b)圆形口面

图 4—8　两种类型的偏馈天线

设想用半径为 a 的圆柱面沿着与旋转抛物面的轴线成 δ 角度的方向去截取旋转抛物面,这样构成的偏馈天线的外表是圆形的,反射面的半径为 a。由于存在着偏馈角,所以这种偏馈天线的口面则是椭圆形的。

设想用半径为 a 的圆柱面沿着与旋转抛物面的轴线方向去截取旋转抛物

面，这样构成的偏馈天线的口面是圆形的，而反射面的外表则类似于一个椭圆。

Ku波段的卫星接收天线由于尺寸比较小，所以采用偏馈形式的比较多一些，同时圆形口面、椭圆形口面、单反射面和双反射面的偏馈天线都能见得到。

由于偏馈角的存在，偏馈天线的调整要比前馈天线或后馈天线困难一些。

4.1.5　球形反射面

顾名思义，球形反射面就是球面的一部分，在卫星接收系统中使用球形反射面天线的目的就是使用一副天线来同时接收多颗卫星。

从以上分析可知，旋转抛物面是一个理想的集束装置，它可以将电磁波同相位聚焦在反射面的焦点处，因此得到了十分广泛的应用。若在旋转抛物面天线上安装两个以上的馈源，也可以接收一定范围内的多颗卫星，但是使用旋转抛物面天线接收多颗卫星是工作在散焦状态之下的，因此天线的口面效率比较低，天线的增益一定会有所下降。而球形反射面具有完全对称的几何结构，因此它是一种比较理想的接收不同方向信号的接收天线形式。在加勒比海的波多黎各岛上安装着世界上最大的球形反射面天线，该天线是作为射电天文望远镜使用的。反射面的直径为305m，它建在山谷中，通过改变馈源的位置可以调整天线的接收方向，以对准宇宙空间不同的射电源。

球形反射面的工作原理也可以用几何光学的方法来说明，图4－9为球形反射面的示意图。

首先来分析球形反射面与旋转抛物面的区别。设球心位于O点，球面的半径为R，将坐标原点放置在半径一半的地方，与抛物面的焦点重合，如图4－9a所示。从图可以清楚地看出，当球面的半张角小于60°时，球面与旋转抛物面的区别是十分小的。通常球形反射面天线口面的焦距口径比是比较大的。

由于球面的对称性，在接收不同方向的信号时，它的焦点的轨迹也是一个圆，圆心与球面的球心重合，圆的半径为球面半径的一半。图4－9b给出了当电波的传播方向与球面对称轴成10°夹角时，球形反射面聚焦的示意图。由于球面毕竟不是旋转抛物面，因此在焦点处，各条反射线的相位是不完全一样的，同时在这种情况之下的“聚焦”也并不是聚集在一点上，而是聚集在一个比较小的区域之内。为了保证总的相位误差为最小，馈源的位置不应该放在光学中的等轴焦点 F 处，而是应该稍微向反射面的方向偏移一点。理论分析表明，最佳焦距 f_{op} 为

$$f_{op}=\frac{1}{4}\left(R+\sqrt{R^2-\frac{d^2}{4}}\right) \tag{4-6}$$

式中，d 为球形反射面的口面直径。

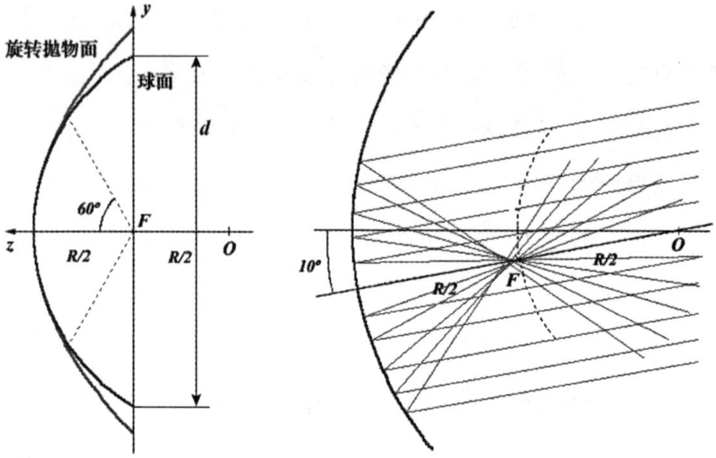

(a)球形反射面与旋转抛物面　　(b)球形反射面的聚焦

图 4－9　球形反射面示意图

在球形反射面天线上安装多个馈源，同时根据所要接收的卫星的方向适当地调整各馈源的位置，就可以使用一副天线来接收多颗卫星的节目。

4.1.6　主要参数

卫星接收天线的作用是，有效地接收卫星辐射到地面的电磁波，并将它传送到高频头之内。卫星接收天线在整个卫星接收系统中的地位是十分重要的，天线性能的优劣直接影响信号的接收质量，因此作为一个从事卫星广播工作的工程技术人员来说，了解接收天线性能是十分必要的。

卫星接收天线的主要参数有：增益、方向图、半功率角、等效噪声温度。

(1)增益 G

工作在发射状态下的天线称为发射天线，而工作在接收状态下的天线称为

接收天线。接收天线的增益是这样定义的：设从空间各个方向传来的电磁波的场强相同，天线在某一方向上接收时向负载输出的功率与一个理想的无损耗天线该处各个方向接收时输入到负载中的功率平均值之比。接收天线增益最大的方向称为天线的最大接收方向。

在工程上，卫星接收天线增益通常采用分贝为单位，其表达式为：

$$G = 10\lg(\frac{4\pi}{\lambda^2}A \cdot \nu) \qquad (\text{dB}) \tag{4-7}$$

式中，λ 为天线的工作波长，单位为 m。在 C 波段，波长在 0.075m 左右；而在 Ku 波段，波长在 0.025m 左右。

A 为天线的口面面积，单位为 m^2。天线的口面面积是垂直于电波传播方向上的天线的横截面面积。天线的口面面积越大，就反映了天线能够截获的电磁波能量越多，因此天线输出就越强，天线的增益也就越高。

ν 为天线的口面效率，这是一项十分重要的参数。不同厂家生产的天线的口径可以一样，因此天线的优劣就是由天线的口面效率来确定的，也就是说不同厂家生产的天线主要区别就在于天线的口面效率上。需要特别说明的是，天线的口面效率主要依靠测量来确定，而测量天线口面效率是一项比较困难的工作，需要合适的天线测试场地、专门的测量仪器和一定的工作经验。举例来说，根据天线测量的基本要求，测试一个 4.5m 直径的 C 波段天线，最小的测试距离约为 540m，显然配备这么大的测试场地不是一般天线生产厂家所能做到的。测试卫星天线，通常采用宇宙中的射电源或是同步卫星的信标为信号源，因此测量的过程是比较复杂的。卫星天线的口面效率受很多因素的影响，如天线反射面的几何形状、馈源的方向性、馈源的安装位置、馈源的对称性、馈源支架对反射面的遮挡、反射面的加工精度等，在这些因素之中，馈源的性能对天线口面效率的影响起着主导作用。

从理论上分析，天线口面效率的最大值约为 83%，而实际天线的口面效率通常在 50%～70%之间。一般人认为，效率到达 50%的天线为合格，效率到达 60%的天线为良好，效率到达 70%的天线为优秀。

若采用倍作为天线增益的单位，则有：

$$G = \frac{4\pi}{\lambda^2}A \cdot \nu \qquad (倍) \qquad (4-8)$$

对于圆形口面的卫星天线来说，其增益的表达式为

$$G = 20\lg(\frac{\pi d}{\lambda}) + 10\lg\nu \qquad (dB) \qquad (4-9)$$

式中，d 为圆形口面的直径，单位为 m。显然，天线的增益与口面直径的对数成正比，与天线工作波长的对数成反比。

表 4－1 和表 4－2 给出了常用圆形口面卫星天线的增益数值。

表 4－1　C 波段圆形口面卫星天线的增益(dB)

	7m	6m	5m	4.5m	3.2m	3m	2.5m	2m	1.8m	1.5m
50%	46.3	45.0	43.4	42.5	39.5	39.0	37.4	35.5	34.5	33.0
60%	47.1	45.8	44.2	43.3	40.3	39.8	38.2	36.2	35.3	33.7
70%	47.8	46.5	44.9	44.0	41.0	40.4	38.9	36.9	36.0	34.4

表 4－2　Ku 波段圆形卫星天线的增益(dB)

	4.5m	3m	2.5m	2m	1.8m	1.5m	1.3m	1.0m	0.7m	0.5m
50%	52.0	48.5	46.9	45.0	44.1	42.5	41.3	39.0	35.9	33.0
60%	52.8	49.3	47.7	45.8	44.9	43.3	42.0	39.8	36.7	33.7
70%	53.5	50.0	48.4	46.5	45.5	44.0	42.7	40.4	37.3	34.4

(2)方向图与半功率角

卫星天线的方向图反映了天线增益随方向的变化，为了方便起见，通常采用相对增益的概念来画天线的方向图，相对增益 G_r 的定义是：

$$G_r = G(\theta) - G_{max} \qquad (4-10)$$

式中，G_{max} 表示最大接收方向上天线的增益，即(4－8)式中的 G；$G(\theta)$代表了天线增益随方向 θ 的变化。

天线的方向图可以画在直角坐标系里，见图 4－10。在直角坐标系中的方向图的优点是便于读数，人们可以比较准确地确定各个方向上天线的增益数值。天线的方向图也可以画在极坐标系里，见图 4－11。在极坐标系中的方向图的优点是分析天线的指向和干扰问题比较直观，人们可以清楚地看到角度与天线增益之间的关系。

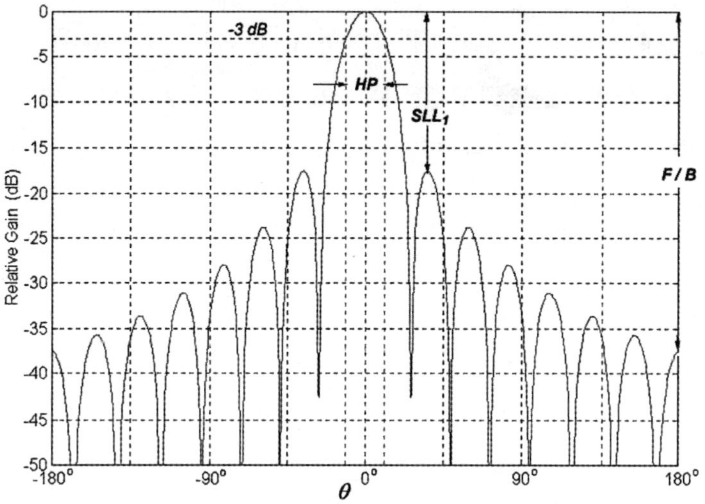

图 4－10　直角坐标系内的天线方向图

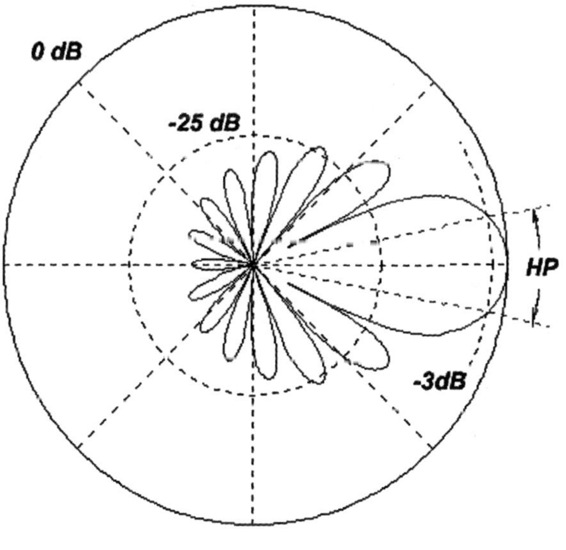

图 4－11　极坐标系内的天线方向图

无论在哪个坐标系中，天线的方向图都是由若干个瓣组成的。增益的极小值称为增益的零点，在两个零点之间就是一个瓣，最大接收方向的瓣称为主瓣，与主瓣方向相差 180°的瓣称为后瓣，其他的称为副瓣或旁瓣，副瓣和旁瓣的含义是完全一样的。

衡量主瓣的参数叫做天线的半功率角，记为 HP。在主瓣中心，天线的相对增益为 0dB，在其两侧找到增益下降 3dB 的点，于是两点之间的角距离就称为天线的半功率角。根据半功率角的定义，只要方向偏离主瓣中心到达半功率角数值的一半，天线的实际增益就要下降 3dB 以上。天线主瓣的中心应该对准所接收的卫星。

衡量后瓣的参数叫做天线的前后比，记为 F/B，前后比的定义是天线后瓣方向上的增益与最大增益之间的差。衡量旁瓣（后瓣）的参数叫做天线的旁瓣电平，记为 SLL，旁瓣电平的定义是某个旁瓣中心方向上的增益与最大增益之间的差。天线的后瓣和旁瓣都反映了天线接收干扰信号的能力，显然为了有效地抑制干扰，天线的旁瓣电平越小越好。天线的旁瓣电平可以有若干个，对于卫星接收天线来说，影响最大的往往是紧靠主瓣的“第一旁瓣”。在我国关于卫星接收天线的国家标准中对天线的第一旁瓣电平提出了具体的要求：5m 直径以上的天线，$SLL_1 < -14$dB；4.5m 直径以下的天线，$SLL_1 < -12$dB。

天线半功率角的近似计算公式为：

$$HP \approx 70\,\frac{\lambda}{d}(^\circ) \qquad (4-11)$$

式中，d 为圆形口面天线的直径，单位为 m；λ 为天线的工作波长，单位为 m。显然天线的半功率角与天线的直径大约成反比，而与工作波长大约成正比。表 4－3 和表 4－4 给出了 C 波段天线和 Ku 波段天线半功率角的大概数值。

表 4－3　C 波段圆形口面卫星天线的半功率角

d	9m	7m	6m	5m	4.5m	3m	2.5m	2m	1.8m	1.5m
HP(°)	0.58	0.75	0.88	1.05	1.17	1.75	2.10	2.63	2.92	3.50

表 4－4　Ku 波段圆形口面卫星天线的半功率角

d	4.5m	3m	2.5m	2m	1.8m	1.5m	1.3m	1.0m	0.7m	0.5m
HP(°)	0.39	0.58	0.70	0.88	0.97	1.17	1.35	1.75	2.50	3.50

由于小口径天线的半功率角比较大，因此在调整天线的指向时是比较容易的，同时对卫星的漂移不太敏感；而大口径天线的情况正好相反，由于其半功率

角比较小，故在调整天线的指向时是比较困难的，且对卫星的漂移比较敏感。由于上述的原因，很多大口径的天线，如C波段内7m以上的天线通常要安装自动跟踪装置。

若采用倍作为天线增益的单位，则某方向上天线的增益与天线最大增益的关系可以表示为：

$$G(\theta.\varphi) = G_{\max} \cdot F^2(\theta,\varphi) \tag{4-12}$$

其中，$F(\theta,\varphi)$称为天线的方向函数。实际上，天线的方向图就是在某个特定的平面上将方向函数画出而成。方向图可以采用dB为单位，也可以采用倍为单位。

(3)天线的等效噪声温度 T_A

卫星接收天线的等效噪声温度反映了天线接收下来并传送给匹配负载的噪声功率的大小，而天线内部损耗产生的噪声功率一般均折算到馈线损耗产生的噪声里去了。对于卫星接收天线来说，其内部损耗通常是十分小的，并且卫星接收天线是直接与高频头连接在一起的，因此在工程计算时，可以忽略馈线系统（包括天线本身产生的噪声）产生的噪声。

在忽略馈线系统的损耗以后，天线接收下来并传送给高频头的噪声功率与天线等效噪声功率的关系为：

$$P_n = kT_AB \qquad (W) \tag{4-13}$$

式中，$k=1.38\times10^{-23}$(J/K)称为玻尔兹曼常数；B为接收系统的带宽，单位为Hz。

根据物理学给出的结论，只要物体的温度在绝对零度(−273.15℃)以上，它就要辐射能量，这种辐射就会产生热噪声，而辐射能量的大小通常用等效温度来衡量。在微波波段内，地面的等效温度约为300K左右，地面水平方向上的等效温度在100K左右，而天顶方向上的等效温度约为5K左右。接收天线截获各种辐射源产生的辐射，在天线处则表现为天线的等效噪声温度。天线的等效噪声温度与天线的方向图、天线的指向、工作波长及天线的具体工作环境有关，因此定量地分析天线等效噪声温度是一项十分复杂的工作，在工程问题中通常采用实际测量的方法来确定天线的噪声温度。

天线接收下来的噪声可以分为两部分：①综合自然噪声；②地面的人工噪声。在综合自然噪声中包括了大气中氧气和水蒸气产生的噪声，降雨引起的噪声、地面的辐射产生的噪声、雷电产生的噪声、宇宙噪声、太阳噪声等，天线的主瓣对应的就是这种综合自然噪声。地面人工噪声主要包括汽车火花塞产生的噪声、电焊机产生的噪声、输电线和日光灯产生的放电现象引起的噪声等，天线的旁瓣对应的则是地面的人工噪声。

人们经过大量的实际测量发现，尽管影响天线噪声温度的因素很多，但其中天线的仰角和工作波长两项因素对噪声温度影响最大。图 4－12 给出了 C 波段内和 Ku 波段内天线噪声的典型测量结果，其中 Ku 波段的数据是使用一个直径为 1.8m 的天线测量出来的，这两条曲线都是在晴朗的天气条件下测量出来的。在卫星接收系统的工程设计过程中，可使用图 4－12 中的曲线来估算天线噪声温度。

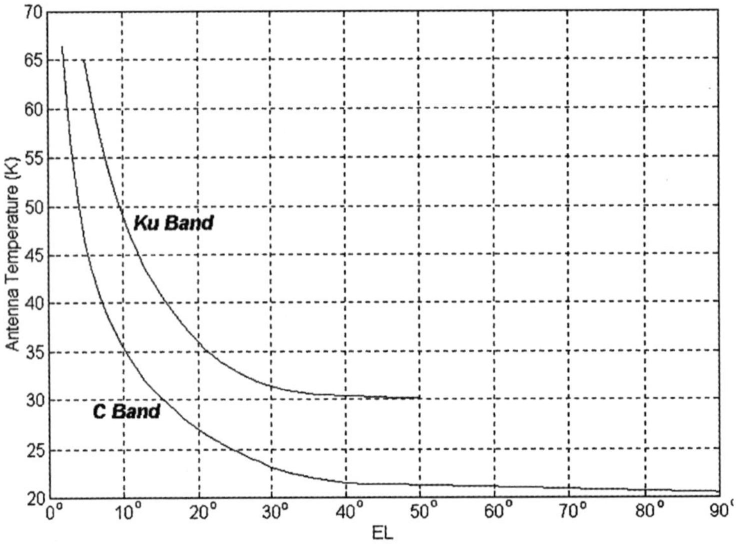

图 4－12　天线等效噪声温度的测量曲线

4.2 馈源

反射面天线是由反射面和馈源两部分组成的，而馈源本身就是一副小型天线。卫星接收天线使用的馈源大多为喇叭天线。

4.2.1　波导与喇叭天线

喇叭天线与波导是密不可分的，实际上喇叭天线就是将波导的开口面逐渐地扩大而形成的。

在微波技术中，将矩形或圆形的金属管称为波导，波导内传播的电磁波称为导行波。理论分析表明，波导内传播的电磁波有各种模式，通常波导工作在主模。矩形波导的主模为 TE_{10} 波，它为横电波，即在波导的纵向方向上没有电场分量，同时是线极化的；而圆形波导的主模为 TE_{11} 波，它也是横电波，同时它基本上是线极化的。波导相当于一个高通滤波器，每种模式有其特有的截止频率，只有工作频率高于波导的截止频率时，该模式的电磁波才能在波导内传播。

波导的结构如图 4－13 所示。实际使用的矩形波导和圆形波导都是按照标准尺寸制造的。表 4－5 和表 4－6 分别给出了卫星接收系统中使用的矩形波导和圆形波导的型号、尺寸和参数。

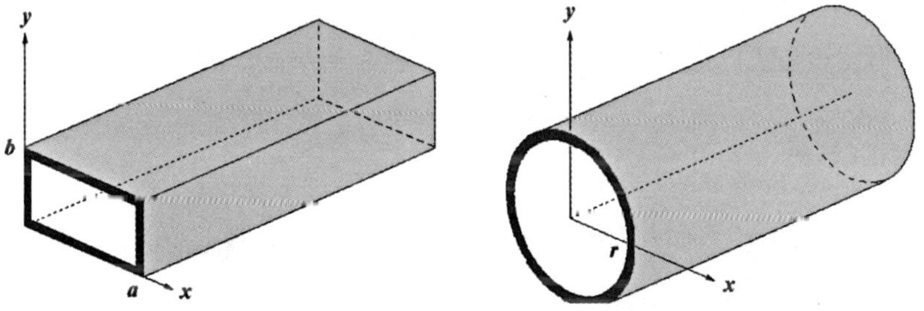

(a)矩形波导　　　　(b)圆形波导

图 4－13　波导结构图

表 4－5　矩形波导型号、尺寸和参数

中国型号	IEC 型号	美国型号	内截面(mm)		主模工作	衰减(dB/m)	
		EIA	a	b	频率(GHz)	频率(GHz)	理论值
BJ40	R40	WR229G	58.170	29.080	3.22－4.90	3.87	0.0249
BJ120	R120	WR75G	19.050	9.525	9.84－15.00	11.80	0.1380
BJ220	R220	WR42G	10.686	4.318	17.6－26.7	24.10	0.3680

表 4－6 圆形波导型号、尺寸和参数

中国型号	IEC型号	内直径	频率范围(GHz)		截止频率(GHz)		衰减(dB/m)	
		(mm)	TE11	TM11	TE11	TM11	频率(GHz)	理论值
BY16	C16	134.110	1.51－2.07	3.30－4.54	1.31	2.73	1.572	0.00715
BY35	C35	61.040	3.31－4.54	7.25－9.98	2.88	5.99	3.455	0.0233
BY48	C48	44.450	4.54－6.32	9.95－13.7	3.95	8.23	4.774	0.0375
BY89	C89	23.825	8.49－11.6	18.6－25.6	7.37	15.30	8.850	0.0956
BY104	C104	20.244	9.97－13.7	21.9－30.1	8.86	18.10	10.420	0.122
BY190	C190	11.250	18.2－24.9	39.8－54.8	15.80	32.90	18.950	0.3003

在卫星接收系统中，矩形波导用于高频头的输入端口。矩形波导内壁宽边的宽度为 a，窄边的宽度为 b，如图 4－13(a)所示，标准的矩形波导内壁的宽边与窄边长度比为 2∶1。接收 C 波段卫星应该使用 BJ40 波导，相对应的美国型号为 WR229G，其含义为宽边的尺寸是 2.29 英寸(58.17mm)；接收 Ku 波段卫星应该使用 BJ120 波导，相对应的美国型号为 WR75G，其含义为宽边的尺寸是 0.75 英寸(19.05mm)。

矩形波导是线极化的，电场的极化方向为波导的窄边方向，了解这一点对调整天线是很重要的。图 4－14 给出了矩形波导中主模 TE_{10} 波的电场分布情况。

圆形波导(圆波导)是卫星接收天线中馈源的核心组成部分，实际上开口的圆形波导本身就是一个基本的馈源形式，它可以发射电磁波，同时也可以接收电磁波。由于圆波导的结构是完全对称的，因此它既可以接收(发射)圆极化波，也可以接收(发射)线极化波。图 4－15 给出了圆波导中主模 TE_{11} 波的电场分布情况。

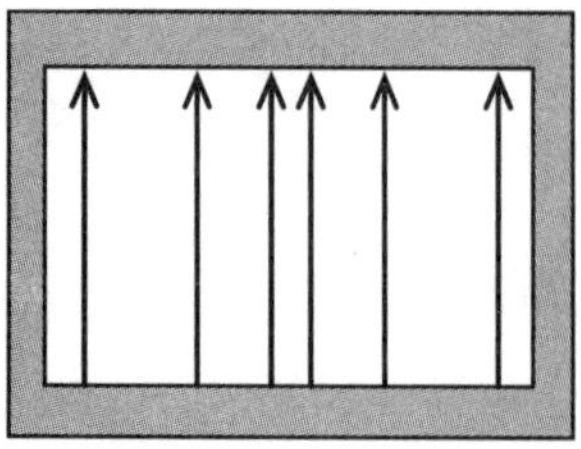

图 4－14 矩形波导中 TE_{10} 波的电场分布

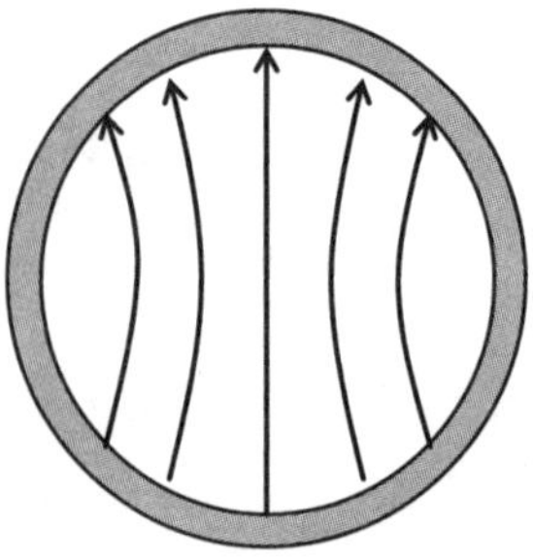

图 4－15 圆波导中 TE_{11} 波的电场分布

在卫星接收(发射)天线中广泛地使用喇叭天线作为馈源，而喇叭天线的核心部分是一个直径约为 0.6λ～1.1λ 的圆波导。根据这个要求，接收 C 波段卫星，馈源应该使用 BY35 圆波导，其内壁的直径为 61.04mm；接收 Ku 波段卫星，应该使用 BY104 圆波导，其内壁的直径为 20.244mm。

圆形波导的开口面又称为波导辐射器，它可以辐射或接收电磁波，因此是一种最简单的口面天线形式。波导的开口面是一种弱方向性的天线，它存在两个明显的不足之处：①由于波导开口面的面积有限，因此其增益比较低；②由于波导内的波阻抗与自由空间的波阻抗不匹配，因此在口面存在比较强的反射波，实测结果表明，开口面上的发射系数在 25％～30％之间，这样就会影响天线的口面效率。由于上述的原因，开口波导很少直接作为馈源使用。

将波导的开口面逐渐地扩大，就形成了喇叭大线。喇叭天线的口面面积较大，因此与开口波导相比，喇叭天线的增益较高；另外在喇叭天线中，波阻抗是逐渐由波导的波阻抗过渡到自由空间的波阻抗，阻抗匹配状况有了很大的改进，因此口面上的反射系数比较小。喇叭天线是一种基本的天线形式，常见的喇叭天线有扇形喇叭、角锥喇叭和圆锥喇叭等几种类型。在双反射面天线中，通常采用圆锥喇叭(圆喇叭)作为馈源。

圆喇叭的结构如图 4－16(b)所示。圆喇叭内传播的电波模式为 TE_{11} 波，与圆波导中的主模是一样的。圆喇叭的特性参数由喇叭的长度 R_c 和喇叭口面的直径 d_c 来决定。

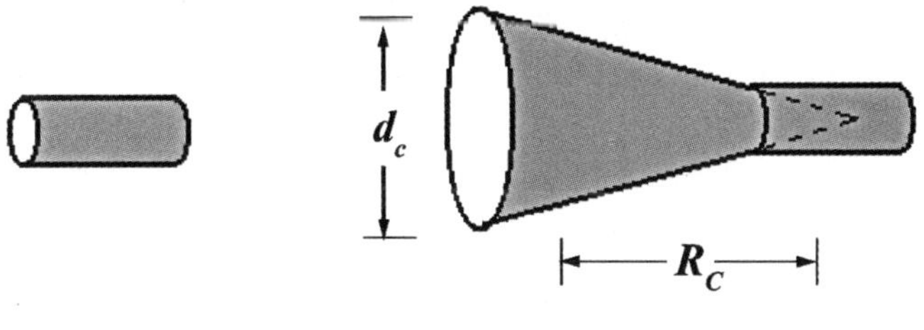

(a)　开口波导　　　　(b)圆喇叭

图 4－16　开口波导与圆喇叭的结构图

反射面天线的馈源可以分成前馈馈源和后馈馈源两种形式，它们的工作原理比较接近，两者主要的差别在于几何尺寸的大小。由于前馈馈源安装在反射面的前面，因此对其尺寸的大小有一定的限制，而后馈馈源安装在主面上，因此一般后馈馈源的长度比较长。

4.2.2 前馈馈源

前馈式卫星接收天线大多采用90°波纹喇叭作为馈源，它由圆波导、波纹、圆矩变换段和法兰盘组成。根据波纹的数量不同，又有单波纹喇叭、三波纹喇叭和四波纹喇叭之分，其中以90°三波纹喇叭应用最广，其结构如图4－17所示。90°波纹喇叭由普通的波纹喇叭演变而来，它既可以接收线极化波，也可以接收圆极化波，故特别适合作为卫星天线的馈源。

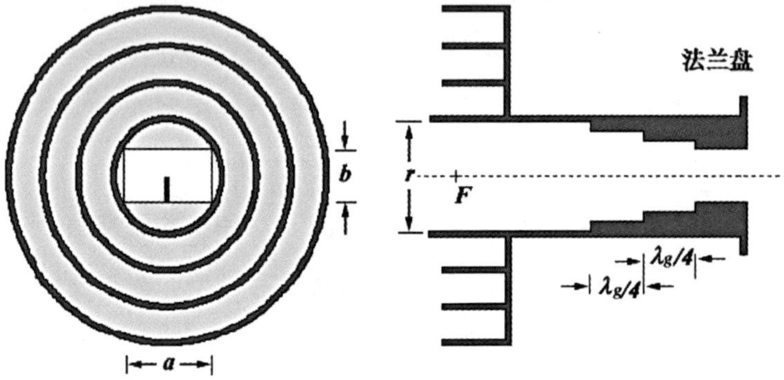

图4－17 90°三波纹喇叭

圆波导是馈源的核心部分，C波段馈源使用的圆波导内径为61mm左右，而Ku波段使用的圆波导内径为20.2mm，由于C波段和Ku波段的波长之比为3∶1，因此波导的直径之比也为3∶1。圆波导内传播的电磁波为主模TE_{11}波。馈源的相位中心在波导口面的内侧，距离口面很近，安装馈源时应该将相位中心调整到反射面的焦点F处，这样才能保证馈源的纵向安装误差为零。

为了提高馈源的效率、减小口面上的反射、改善馈源的方向图，可以在圆波导的外部安装一个或多个波纹，波纹的深度约为$\lambda/4$，从而构成了90°波纹喇叭。由于波导口面处电磁波的绕射，在波纹内激励起TE_{11}^{0}波和TE_{10}^{0}波。这是同轴系统内的电波模式，由于两种模式的叠加，使得波纹口面上的场分布比较均匀，从而达到较高的效率；同时波纹的存在改善了馈源与自由空间之间波阻抗的匹配状况，于是减少了馈源口面上的反射。采用 90°波纹喇叭，可以在 ±50°的范围之内保证馈源的方向函数基本不变，从而使反射面口面上的场分布比较均匀，同时该馈源的相位中心固定，方向图是圆对称的。由于 90°波纹喇叭具有上述特点，前馈式卫星接收天线大多采用它作为馈源。

作为卫星接收天线，馈源是通过法兰盘与高频头连接在一起的。由于高频头的输入端为矩形波导，因此在馈源内部必须设有一个圆矩变换段，将圆形波导逐步地过渡到矩形波导。从图 4－17 可以清楚地看出圆波导和矩形波导之间的几何关系，圆波导的直径略大于矩形波导宽边。另外从正前方观察，圆波导中心有一条短的竖线，它是高频头输入端内的探针，它的方向就是天线的极化方向。圆波导和矩形波导的几何形状不同，它们的波阻抗也不同，为了减少反射，保证波阻抗匹配，在圆矩变换段内设有阻抗变换器。它是由两段长度为 $\lambda/4$ 的过渡段组成，根据传输线理论，长度为 $\lambda/4$ 的波导或馈线本身就构成了阻抗变换器。采用圆矩变换之后，改变了波导的形状，保证了阻抗匹配，同时还有利于极化方向的稳定。

馈源输出端的法兰盘是按照标准尺寸制造的，这就保证了不同厂家生产的馈源和高频头都可以方便地连接在一起。C 波段馈源使用的法兰盘型号为 CPR229G，其外形是个矩形；而 Ku 波段馈源使用的法兰盘的外形则是一个正方形，两种法兰盘的形状和具体尺寸如图 4－18 所示。

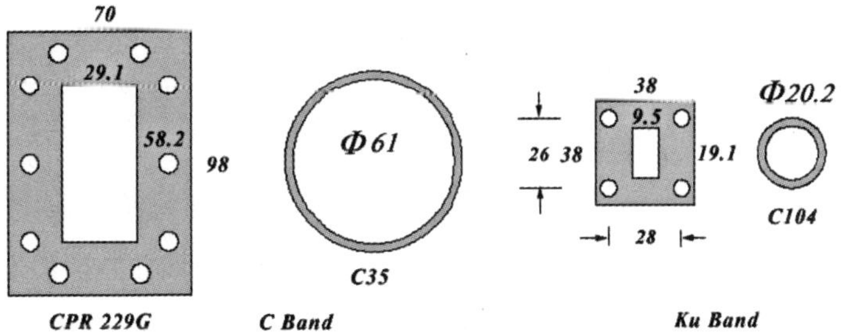

图 4－18　C 波段馈源和 Ku 波段馈源的法兰盘

4.2.3 后馈馈源

由于后馈馈源是安装在主反射面上的，因此其长度受限较少。后馈馈源的形式有阶梯喇叭、变张角喇叭、介质加载喇叭和波纹喇叭等几种，见图 4—19。

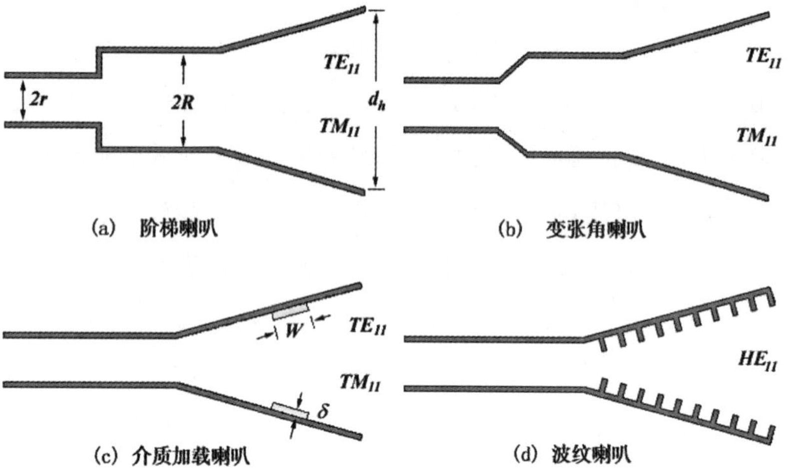

图 4—19 后馈馈源

与前馈馈源类似，圆喇叭（圆锥喇叭）内部也要有圆矩变换段，输出端口也是标准的法兰盘，故此处不赘。

阶梯喇叭（又称为哈特喇叭）也是一种双模喇叭，工作原理与上述双模同轴喇叭类似，因此它也是一种高效率的馈源。在直径为 $2r$ 的圆波导内传播 TE_{11} 波，而在直径为 $2R$ 的圆波导内激励起高次模 TM_{11} 波，调整喇叭的尺寸，可以使两种模式的电磁波在喇叭口面上同相相加，因此口面场的分布是比较均匀的，从而提高了效率，同时抑制了天线的旁瓣电平。阶梯喇叭方向图的圆对称性较好、旁瓣电平低、交叉极化分量低于－25dB，因此它是一种性能比较好的后馈馈源形式。

变张角喇叭由阶梯喇叭演变而来，因此它也是一种双模喇叭，其性能略优于阶梯喇叭。在两个圆波导连接的地方，存在一个斜面构成的过渡段，此斜面的张角与喇叭口的张角是不同的，变张角喇叭由此而得名。变张角喇叭的旁瓣电平可达到−30dB以下。

在普通的圆喇叭的内壁加上一层宽度为W，厚度为δ的介质就构成了介质加载喇叭。加载的介质层可以激励起一些高阶模式的电磁波，由于喇叭的尺寸有限，故在喇叭口面上只剩下了TE_{11}波和TM_{11}波。适当地调整介质的厚度和宽度以及介质层的具体位置，就可以使方向图到达圆对称和低旁瓣的要求。介质加载喇叭也是一种性能比较优良的后馈馈源形式。

目前，效率最高的后馈馈源形式为波纹喇叭，它具有漏溢功率小、交叉极化分量小、方向图对称性好的特点。在卡赛格伦天线中使用波纹喇叭作为馈源，天线总的效率可达75%～85%。当喇叭的张角到达90°时，就称为90°波纹喇叭。理论分析表明，波纹喇叭口面上的横电场和横磁场的分布规律是完全一样的，因此其方向图是旋转对称的，这种特殊的电磁波模式称为HE_{11}波。虽然波纹喇叭的性能是最好的，但是由于其结构复杂，机械加工有相当的难度，因此限制了它的广泛使用。

4.2.4　圆极化波的接收

如前所述，卫星直播采用圆极化方式，其优点是接收天线调整相对简单一些。卫星接收系统之中的高频头都是线极化的，为了接收圆极化波，就必须在高频头之前将圆极化波转变成线极化波。圆极化波是由两个幅度相同、方向互相垂直、相位相差90°的线极化波组成的，因此如果能改变两个线极化波的相位差，设法使其同相，这样两个线极化波叠加之后就仍为线极化波。在卫星接收系统中使用了90°移相器来完成圆极化波到线极化波的转换工作，卫星接收天线里常用的90°移相器有介质移相器和销钉移相器两种，前者用于前馈天线，后者用于后馈天线。

设电波的传播方向为z轴方向，圆极化波可以分解成两个线极化波，两者的幅度相同，相位相差90°，其中一个极化方向为x轴，另一个极化方向为y轴。当E_x超前E_y90°时，两者叠加的结果为右旋圆极化波；反之当E_x落后E_y90°时，两者叠加的结果为左旋圆极化波。在接收圆极化波时，经过90°移相器之后，x轴方向和y轴方向电场分量的相位就相同了，叠加之后就成为了线极化波。

介质移相器本身是一片低损耗的介质片，介质的材料通常是高氯化铝瓷或聚四氟乙烯，介质移相器放置在馈源的圆波导内。平行于介质片的电场和垂直于介质片的电场通过介质片后，由于介质的相移常数不同，导致了两个方向的电场的相位速度不同，从而产生 90°附加相差，因此称为 90°移相器。具体来说，就是平行于介质片的电场相位速度较慢。介质移相器的示意图见图 4－20(a)。

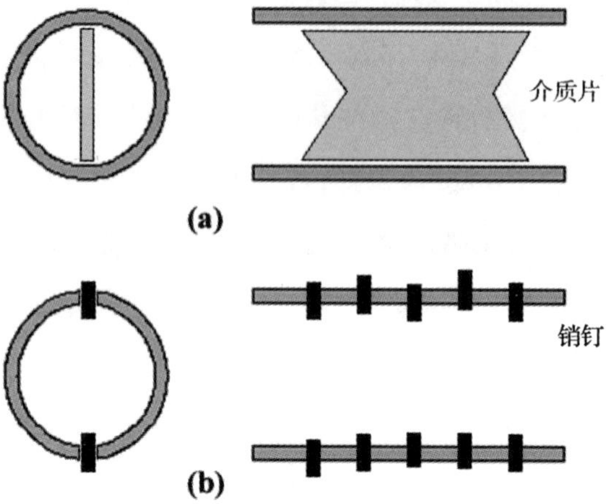

图 4－20　90°移相器

在后馈馈源的圆波导壁的对应两侧安装两组销钉，就成为了销钉移相器。通常销钉的数目为奇数对。销钉的深度可以调整，当改变销钉的深度时，其电抗性质会发生改变，可以从容性变成感性，也可以从感性变成容性。垂直与销钉传播的电场分量受销钉的影响比较小，因此相移也比较小；而平行与销钉传播的电场分量受销钉的影响比较大，因此相移也比较大。通过改变每个销钉的深度，能够到达 90°移相的目的。销钉移相器内的介质为空气，能量损耗较小，因此它优于介质移相器。销钉移相器的示意图见图 4－20(b)。

接收右旋或左旋圆极化波时，要调整介质移相器或销钉移相器与馈源输出端口法兰盘的相对位置，若调整得不对，则会影响接收的质量。需要特别说明的是，右旋圆极化波经反射面反射以后就变成了左旋圆极化波，而左旋圆极化波经反射面反射以后就变成了右旋圆极化波。对于双反射面天线来说，电波反射两次之后，右旋仍为右旋，左旋仍为左旋；而对于单反射面来说，情况就不一样了，右旋变成了左旋，而左旋变成了右旋。

两个方向相互垂直、相位相同、幅度相同的线极化波叠加之后仍为线极化波，但是极化的方向有所改变。根据矢量叠加的规律，上述两个线极化波叠加以后，极化的方向旋转了 45°，如图 4－21 所示。我们知道，高频头的极化方向是平行于矩形波导的窄边的，因此介质片或销钉必须与波导的边缘成 45°角，如图 4－22 所示。在接收线极化波时，前馈天线应将介质移相器拆除；后馈天线要按照图 4－22 给出的方式调整销钉的方向。

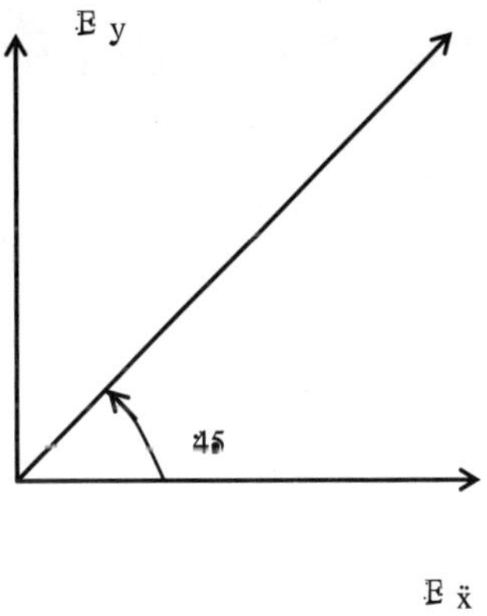

图 4－21　等幅同相的线极化波的叠加

在接收圆极化波时，应该按照图 4－22 给出的方向来调整介质移相器或销钉移相器的位置。需要特别说明的是，上图是从馈源的后方(法兰盘处)向馈源的前方看，如果从前向后看，右旋和左旋应该互换位置。我国在 20 世纪 80 年代中期使用了许多 6m 圆极化天线来接收 66°E 的国际通信卫星，如果现在使用这些天线来接收线极化的信号，则应该将销钉调整到与矩形波导宽边平行的方向上，即 0°方向，如图 4－22 所示。

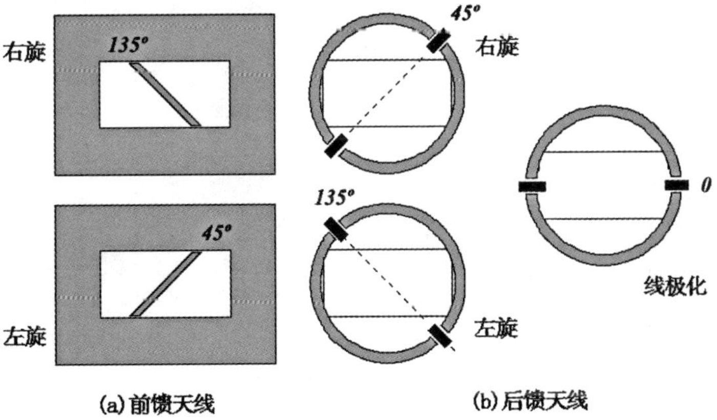

图 4－22　圆极化波的接收与移相器的位置(从法兰盘向馈源的方向观察)

4.2.5 双极化馈源

为了能够使用一副天线来同时接收卫星转发的水平极化波和垂直极化波，就必须使用双极化馈源。双极化馈源上有两个相互垂直的法兰盘，分别连接两个高频头来接收水平极化波和垂直极化波。目前在卫星接收系统中，普遍采用双极化馈源。

目前常见的双极化馈源的结构有两种类型，一种馈源的两个法兰盘位于一个平面上，见图 4－23，而另一种馈源的两个法兰盘位于相互垂直的平面上，见图 4－24。由于圆形波导的对称性，它可以同时接收水平极化波和垂直极化波，一个法兰盘仍然位于圆波导的后面，同时在波导壁的一侧开一个矩形的口，电磁波的能量可以从这里输出到另一个法兰盘。

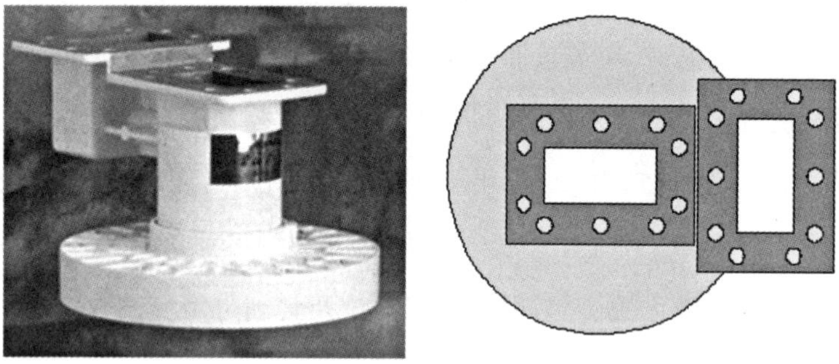

图 4－23　双极化馈源之一

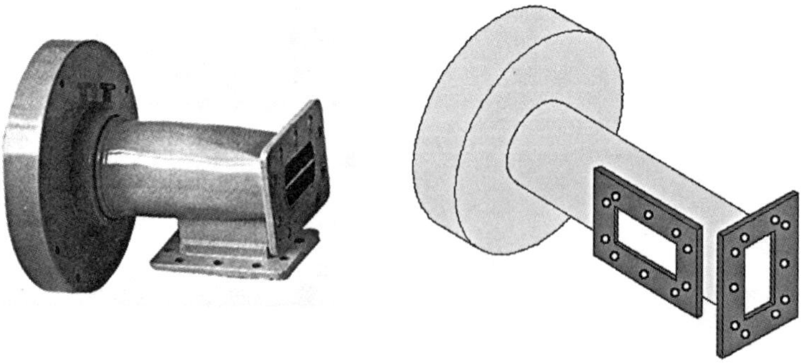

图 4－24　双极化馈源之二

由于后馈馈源的长度比较长，因此后馈式双极化馈源中，增设的法兰盘就直接安装在圆波导的侧面，法兰盘的宽边与圆波导的轴线平行，这样两个法兰盘就位于两个相互垂直的平面上。前馈馈源的长度受到一定的限制，所以增设的法兰盘往往与原有的法兰盘安装在一个平面上。

4.2.6　一体化馈源

所谓“一体化馈源”，就是将馈源与高频头组合在一起。目前作为集体接收系统来说，比较流行的是双极化双输出一体化馈源，见图 4－25。这种一体化馈源内部有两个独立的高频头，分别对应水平极化和垂直极化，输出端有两个 F 型接头，分别输出水平极化频道的第一中频信号和垂直极化频道的第一中频信号，使用起来十分方便。

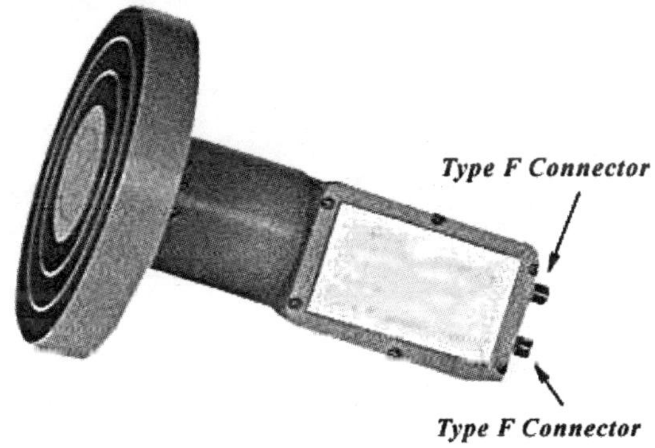

图 4－25　双极化双输出一体化馈源

个体接收应使用双极化单输出一体化馈源，该馈源内只有一个高频头，故只有一路输出；其内装有一个电子开关，通过改变高频头的供电电压可选择水平极化或垂直极化。

4.3　极轴式卫星接收天线

目前常用卫星接收天线的机械结构可以分为仰角方位角式和极轴式两种，大部分的卫星接收天线采用仰角方位角式。由于极轴式卫星接收天线调整起来比较简单，一般仅仅转动一个角度即可对相当多的卫星位置进行跟踪，作为电动式卫星接收天线比较方便，近年来在市场上出现了许多极轴式卫星接收天线。

极轴式天线的构造如图 4－26 所示，它有两个转动轴：HA 轴和 DEC 轴。HA 轴通常称为极轴，极轴与地球的自转轴之间存在一个很小的夹角 δ，夹角 δ 随着接收地点的纬度而变化；极轴与地面的夹角称为极轴角 γ，极轴角数值上略大于接收点的纬度；为了对准接收点正南方向上的卫星，需要沿 DEC 轴将天线向下方转动一定的角度 β(β 称为偏移角)，此后 DEC 轴便固定不动了；对同步卫星进行跟踪时，只需将天线沿 HA 轴转动即可。

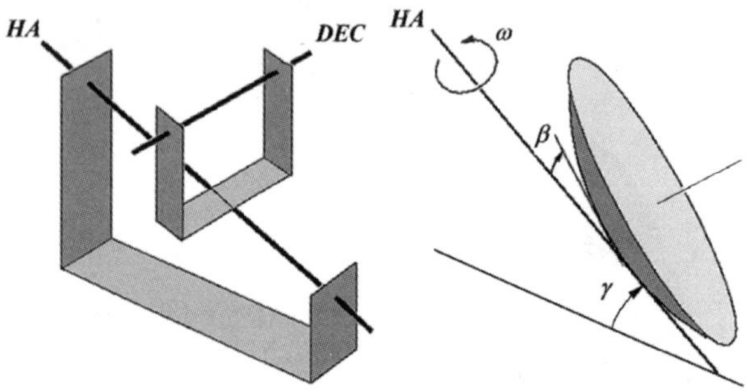

(a)转动轴　　(b)极轴式天线的调整

图 4－26　极轴式天线的结构

显然，当极轴天线沿 DEC 轴转动时，其指向矢量构成了一个圆锥面。一般来说，极轴与地球的自转轴存在着夹角 δ，故此圆锥面与赤道平面的交线为一个离心率很小的椭圆，见图 4－27(b)，因此极轴天线的指向矢量在赤道平面上的轨迹与同步卫星的轨道并不完全重合。从理论上讲，极轴式天线存在一定的指向误差；但是实际上只要调整得当，极轴天线的指向误差可以控制在一个极小的范围之内，故不影响使用。

与通常的仰角方位角式天线相比较，由于天线调整的自由度只有一个，故极轴式天线的转动结构更便于进行调整，这是极轴式天线的主要优点。

极轴天线的几何参数包括极轴角 γ、偏移角 β、极轴与地球自转轴的夹角等，如图 4－27(a)所示，其中 z'' 轴就代表了极轴。

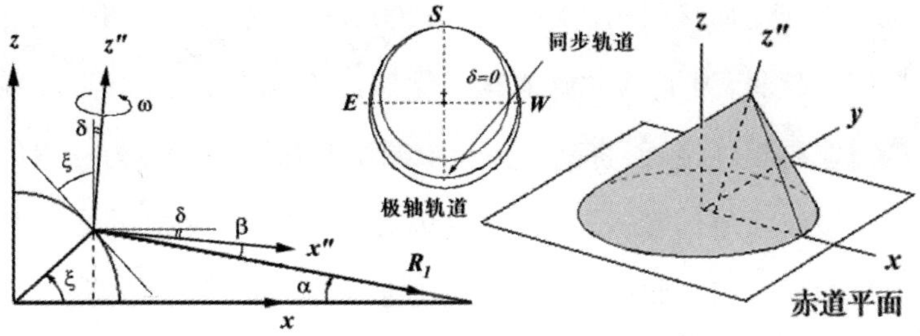

(a)　　(b)

图 4－27　极轴式天线的几何关系

若极轴与地球的自转轴平行，则天线指向矢量在赤道平面上的轨迹为一个圆，显然这个圆与同步卫星的轨道仅在接收地点的正南方向上相切，故在此种情况下，极轴天线存在着较大的指向误差。合理地选择极轴与地球自转轴间的夹角 δ，就可以大大减少极轴天线的指向误差。

根据图 4－27(a)中给出的几何关系，极轴角 γ 与接收地点纬度 ξ 间的关系为：

$$\gamma = \xi + \delta \qquad (4-14)$$

表 4－7 给出了在不同纬度地区极轴天线的几何参数。

表 4－7　极轴天线的几何参数

ξ	5°	10°	15°	20°	25°	30°
δ	0.13°	0.26°	0.37°	0.48°	0.57°	0.64°
γ	5.13°	10.26°	15.37°	20.48°	25.57°	30.63°
β	0.76°	1.51°	2.25°	2.97°	3.67°	4.34°
ξ	35°	40°	45°	50°	55°	60°
δ	0.68°	0.71°	0.71°	0.69°	0.65°	0.60°
γ	35.68°	40.71°	45.71°	50.69°	55.65°	66.60°
β	4.97°	5.57°	6.12°	6.62°	7.07°	7.47°

4.4　高频头

高频头是卫星接收系统中的一个重要部件，通常记为 LNB，它的性能好坏直接影响卫星接收的质量。高频头的功能是：①低噪声放大；②下变频；③中频放大。

从广播卫星到地面接收站的距离在40000km左右，因此卫星广播的一个主要问题就是信号微弱，为了尽可能地减少噪声的影响，在卫星接收系统中是将高频头直接与馈源相连接，若将高频头与馈源组合在一起就称为一体化馈源。

电缆对于微波信号的衰减是很大的，因此无论在C波段还是在Ku波段，都需要把卫星的下行信号频率降低至卫星接收系统中的第一中频。

4.4.1 框图

高频头由输入法兰盘、矩形波导、耦合装置、低噪声放大器（LNA）、本振、混频、中放和电源稳压几部分组成，其框图见图4—28。

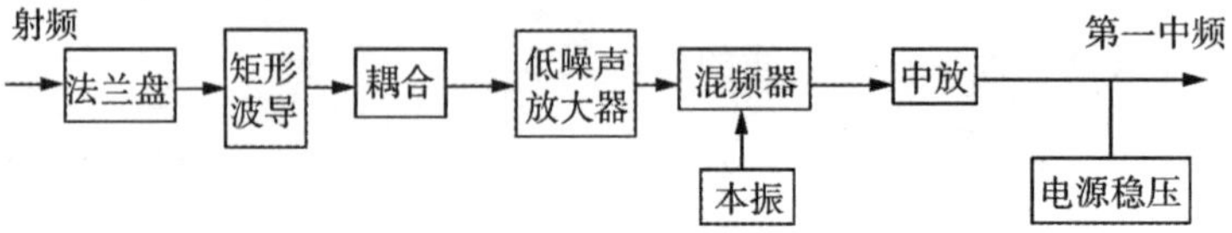

图4—28 高频头框图

高频头输入端为一个矩形波导，为了便于与馈源连接，在波导口面处设有法兰盘，而法兰盘都是按标准的尺寸制造的。与馈源一样，C波段高频头的法兰盘型号为CPR229G，其外形是个矩形；而Ku波段高频头的法兰盘外形则是一个正方形，两种法兰盘的形状和具体尺寸如图4—18所示。

高频头的输出端是一个阴性的F型接头，第一中频电缆通过此接头与高频头连接在一起。阴性的F型接头的直径为10mm，其上的螺纹有英制和公制两种类型，目前高频头使用的多为英制F型接头。图4—29为一个比较典型的C波段高频头。

高频头中的低噪声放大器与矩形波段之间设有一个耦合装置，这个耦合装置将波导内传播的电磁波能量转换成电流，然后送入放大器进行放大。耦合装置有电耦合和磁耦合两种方式，见图4—30。电耦合方式是在矩形波导内放置一个金属探针，探针与矩形波导的窄边平行，它代表了高频头的极化方向，探针在电场的激励之下产生电流；磁耦合方式是在矩形波导内放置一个小金属环，环的法线方向与波导内的电场垂直，小环在磁场的激励之下产生感应电流。

图 4－29　C 波段高频头

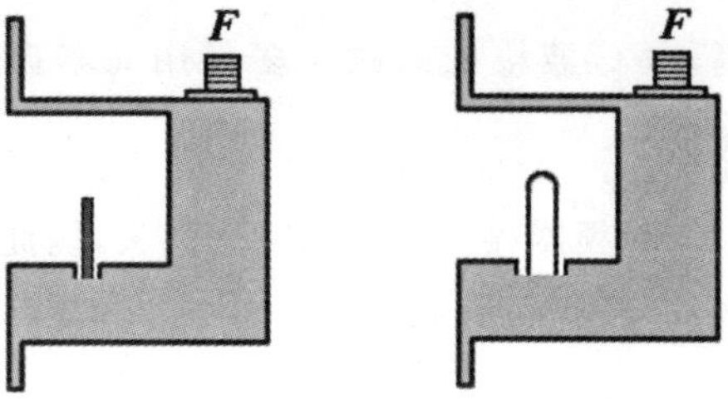

图 4－30　两种耦合方式

低噪声放大器(LNA)中使用的微波晶体管为砷化镓场效应管(GaAsFET)或高电子迁移率晶体管(HEMT),它们共同的特点是噪声小、工作频率高。为了保证有足够的增益,低噪声放大器通常由四级放大或五级放大组成,适当地选择各级的工作点,就可以达到噪声小、增益高的目的。前两级放大电路按照低噪声要求设计,工作电流比较小,而后两级(后三级)则按照高增益要求设计,工作电流比较大。低噪声放大器的输入阻抗为 50Ω,同时为了保证工作稳定,各级放大电路均设有阻抗匹配电路,故各级输入阻抗和输出阻抗都是 50Ω。整个高频头的增益主要由低噪声放大器决定。

高频头的本振频率在 1GHz 以上。为了保证振荡的稳定,高频头内的本机振荡器通常采用介质谐振器作为稳频回路,介质谐振器本身是一个介质圆柱体,两边设有微带线来耦合能量。介质谐振器的特点是温度稳定性高、品质因素(Q 值)高、体积小、易于与微带线耦合而制成微波集成电路。当电流通过微带线时在微带线周围产生磁场,而磁场进入介质后就会在介质谐振器内激励起特定模式的电磁场,振荡的频率由介质材料和介质圆柱体的几何形状来确定,因此振荡频率是十分稳定的。

低噪声放大器输出的射频信号与本振信号在混频器内混合,由于混频器内的混频二极管或三极管非线性的作用,产生了新的频率成分,其中射频信号频率 f_{RF} 与本振信号频率 f_{OS} 之差就是我们所需的第一中频信号:

$$f_I = |f_{RF} - f_{OS}| \tag{4-15}$$

当本振频率高于信号频率时，称为高本振；而当本振频率低于信号频率时，称为低本振。目前，Ku波段的高频头多采用低本振，因为本振频率不容易做得很高，而C波段的高频头多采用高本振，因为比较而言，高本振抗干扰的能力较强。

混频器存在一定的功率损失，因此在混频后要进行中频放大，通常中放的增益在25dB以上。

高频头所使用的电源是卫星接收机提供的直流电压，电压数值一般在13V～18V之间，通过第一中频电缆输送到高频头。在高频头内部设有稳压电路，为高频头各个组成部分提供稳定的直流电压。

4.4.2 特性参数

高频头是卫星接收系统的重要组成部分之一，明确地了解高频头的各项特性参数对每位从事卫星接收工作的技术人员来说都是十分重要的。

(1)增益 G

高频头的增益是很高的，其典型数值在60～70dB之间。通常，低噪声放大器的增益在40dB以上，中频放大的增益在25dB以上，混频器大约有5dB左右的功率损耗，这样加在一起，高频头的总增益在60dB以上。

在购买高频头时，应该选择增益比较高的产品。这样，在室内部分距离天线较远的情况之下或是接收的频道数目较多的情况之下，系统的整个质量会好一些。

(2)噪声温度 T_{LNB}

由于高频头内部存在有源器件，而有源器件一定会产生噪声，高频头的噪声温度反映了高频头内部产生的噪声功率的大小。

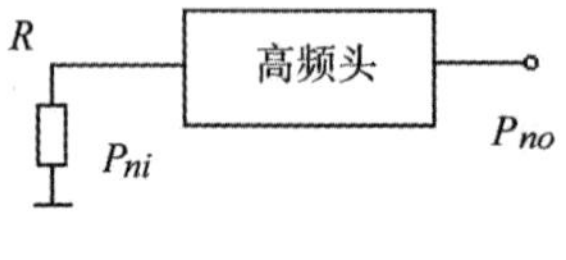

图4－31 高频头产生的噪声功率

设高频头的输入端连接一个匹配电阻，如图4－31所示。在这种情况下若测得高频头输出的噪声功率为 P_{no}，将此功率折算到高频头的输入端，然后减去电阻产生的噪声功率，从剩下的噪声功率便可以求出高频头的噪声温度。

设高频头的增益为 G，单位为倍，将高频头内部产生的噪声功率等效看作是外部输入的，这样高频头等效的输入噪声功率为 $P_{in}=P_{no}/G$。根据热力学的理论，匹配电阻输出给高频头的噪声功率可以表示为：

$$P_{nR} = kTB \qquad (W) \tag{4-16}$$

式中，$k=1.38\times10^{-23}$(J/K)称为玻尔兹曼常数；T 为环境温度，单位为 K；B 为接收系统的带宽，单位为 Hz。

于是，高频头的等效噪声温度可以从下式求出

$$P_{no}/G = k(T + T_{LNB})B \quad (W) \tag{4-17}$$

目前，C 波段高频头的等效噪声温度通常在 18K～30K 之间。

(3)噪声系数 N_F

噪声系数也是用于度量高频头内部噪声的参数，它的实质与噪声温度一样，两者的关系为：

$$T_{LNB} = (N_F - 1) \cdot T_0 \tag{4-18}$$

式中，N_F 为噪声系数，单位为倍；T_0 为环境温度。

在工程上，噪声系数的单位通常为 dB：

$$N_F(dB) = 10 \cdot \lg(N_F) \tag{4-19}$$

一般来说，当噪声比较小时，人们习惯使用等效噪声温度；当噪声比较大时，人们习惯使用噪声系数。表 4－8 给出了常温下高频头噪声温度与噪声系数之间的对应关系。

表 4－8　噪声温度与噪声系数　　　　(T_0＝290K)

T_{LNB}(K)	15	20	25	30	35	40	45	50	55
N_F(dB)	0.22	0.29	0.36	0.43	0.49	0.56	0.63	0.69	0.75
T_{LNB}(K)	60	65	70	75	80	85	90	95	100
N_F(dB)	0.82	0.88	0.94	1.00	1.06	1.12	1.17	1.23	1.29

目前，Ku 波段高频头的等效噪声温度通常在 1dB 左右，也就是说，噪声温度在 75K 左右。显然，Ku 波段高频头产生的内部噪声比较大。

(4)本振频率 f_{OS}

各种高频头的本振频率存在一定的差别。只有了解高频头的本振频率，才

能将数字卫星接收机准确地调谐在所要接收的节目上。

目前，C 波段高频头的本振频率是比较统一的，一般都是 5150MHz。我们知道，C 波段卫星的下行频率范围是 3700～4200MHz，这样根据(4－15)式就可以计算出，第一中频信号的频率范围是 950～1450MHz。特别需要说明的是，位于卫星下行频率范围高端的信号变成第一中频之后，则位于第一中频频率范围的低端，反之亦然。

目前，Ku 波段高频头的本振频率主要有 10750MHz 和 11250MHz 两种，这是因为实际使用的 Ku 波段有两种频率范围，直播星业务下行频率为 11700～12200MHz，与 10750MHz 本振混频为第一中频；通信卫星下行频率为 12200～12700MHz，与 11250MHz 本振混频为第一中频。显然，两种 Ku 频段相差 500MHz，使用的本振频率也相差 500MHz。

(5)输入阻抗

高频头的输入阻抗是指耦合装置处的阻抗，即探针或小环处的阻抗数值。高频头的输入阻抗为 50Ω。

(6)输出阻抗

高频头的输出阻抗通常为 75Ω。高频头的输出阻抗必须和卫星接收机的输入阻抗相一致，这样才能保证阻抗匹配。

(7)驻波比 *VSWR*

在工程上，往往习惯采用电压驻波比来描述阻抗匹配的状况。根据传输线理论，阻抗不匹配时，在馈线的端点处就会产生反射，入射波和反射波在馈线上叠加之后，就会形成“行驻波”，即馈线上有行波同时也有驻波。馈线上电压的波峰和电压的波谷数值之比，就是电压驻波比，记为 VSWR。电压驻波比与终端反射系数之间的关系为：

$$VSWR=\frac{1+|\Gamma|}{1-|\Gamma|} \tag{4-20}$$

阻抗完全匹配时，驻波比等于 1，驻波比数值越大，表明阻抗匹配状况越差。在高频头工作的频段内，其输出阻抗会在一定的范围之内变化，因此不同频率的阻抗匹配状况也会有所不同。高频头电压驻波比的典型数值在 2～2.5 左右。驻波比等于 2 时，电压反射系数为 33.3%。

对于数字卫星广播来说，阻抗匹配不好时反射就比较大，这样就会引起误码，因此高频头的驻波比指标是比较重要的。

(8)本振相位噪声

由于在数字卫星广播系统信号的调制采用了调相方式，因此本振的相位噪声就显得比较重要了。本振相位噪声的单位为 dBc/Hz，其中 dBc 是指相对于载波电平的分贝数值。

表 4—9 给出了两个比较典型的高频头的特性参数，以便读者对高频头的性能有比较全面的了解。

表 4—9　典型高频头的特性参数

	某型 C 波段高频头	某型 Ku 波段高频头
频率范围	3.7—4.2GHz	12.2—12.7GHz
第一中频	950—1450MHz	950—1450MHz
噪声温度	20K	—
噪声系数	—	0.7—0.9dB
增益	67dB	67dB
增益平坦度	1dB/36MHz	0.5dB/27MHz
本振频率	5150MHz	11250MHz
本振稳定度	1MHz@25℃	1MHz@25℃
本振相位噪声	—80dBc/Hz@10kHz	—90dBc/Hz@10kHz
镜像抑制	40dB	45dB
寄生输出	—60dBm	—60dBm
电压驻波比	<2.5	<2.5
工作电压	15—25V	15—25V
工作电流	200mA	200mA
输出接头与阻抗	F 型阴性接头 75°	F 型阴性接头 75°
工作温度	—40℃—60℃	—40℃—60℃

4.5　卫星接收机

4.5.1　工作原理

卫星接收机是卫星接收系统中的关键组成部分，从工作原理上分析，卫星接收机属于超外差式接收机。

数字卫星接收机又称综合接收解码器(IRD),具体工作原理与所采用的传输标准相关。DVB－S 系统 IRD,主要完成频道调谐、QPSK 解调、信道解码、解复用、MPEG－2 解压缩和 PAL 编码形成全电视信号等功能,对有条件接收功能还需加系统控制和用户智能卡。高频头对于 C/Ku 频段的卫星电视节目只设置不同的本振频率,C 频段为高本振而 Ku 频段一般为低本振,因此要求 IRD 具有频谱倒置功能,以便接收不同频段的电视节目。另外还要求 IRD 既能接收 SCPC 信号,也能接收 MCPC 信号。DVB－S 系统 IRD 框图见图 4－32。

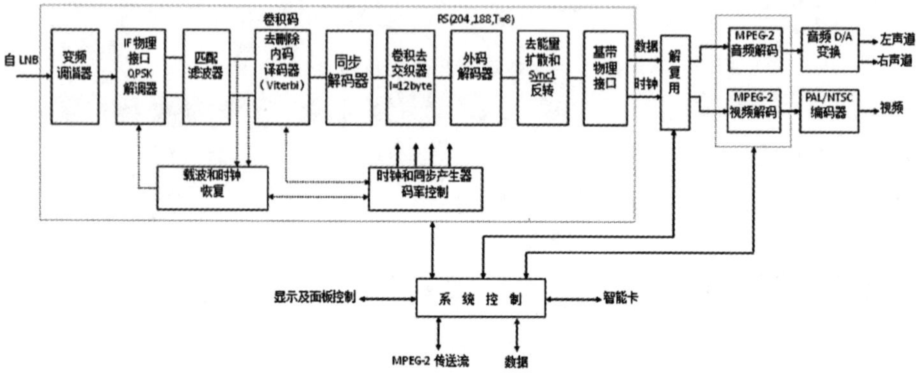

图 4－32　DVB－S 系统 IRD 框图

上图中各单元功能简述如下：

调谐器:该单元功能与模拟卫星接收机的调谐器功能相同,它从 LNB 输出的宽带第一中频信号中调谐选择出所要接收的频道,并将该频道变频为固定的第二中频信号,该信号经第二中频带通滤波器滤波后,进行主中放和 AGC。调谐器可根据不同的转发器自动倒相调谐接收。

中频接口和 QPSK 解调器:该单元完成正交相干解调和模/数变换,向内码译码器提供软判决 I、Q 信息。

匹配滤波器:该单元根据滚降系数脉冲波形实施升余弦滚降成形滤波,使用部分脉冲响应数字滤波器可以对 IRD 中的通道线性失真进行均衡。

载波/时钟恢复单元:该单元用于恢复解调器载波和同步功能。在解调器的整个 C/N 范围内,产生失锁的可能性是很低的。

内码解码器：该单元提供第一级水平的误码保护解码，它必须能工作在等效于硬判决的输入 BER 为 10^{-1}～10^{-2}(依赖于采用的编码效率)范围内，同时提供约 2×10^{-4}或更低的输出 BER，这个 BER 经过外码纠错后可提供准无误码的业务。该单元有可能利用软判决信息，并试用各种码率和删除配置直到获得同步锁定。

同步字节解码器：通过对 MPEG－2 同步字节进行识别，该解码器为去交织提供同步信息，它也要辨别出 QPSK 解调器的 0、π 相位模糊(Viterbi 译码器不能检测到这种相位模糊)。

卷积去交织器：该单元把内码解码器输出端的突发错误字节离散化，以提高外码译码器纠正突发错误的能力。

外码解码器：该单元提供第二级水平的误码保护，它在输入误码率约为 2×10^{-4}时提供准无误码的输出。若使用无限字节交织时，输出误码性能可以更好，但在交织深度I＝12、BER＝2×10^{-4}的情况下，即可提供准无误码输出。

去能量扩散：该单元去除为能量扩散而进行的随机化处理，从而恢复用户数据，并把已反转的同步字节转换成正常的 MPEG－2 同步字节。

基带物理接口：该单元将数据结构转换成外部接口所需的格式和协议。

传送和节目解复用：该单元对不同速率的 MPEG－2 传送流进行多路解复用，得到相应的节目流，再经节目解复用得到压缩的视频、音频和数据信号。由于 IRD 有MPEG－2传送流输入输出接口，因此该单元可选择内部解调输出或将外部输入的传送流解复用。

MPEG－2 视频/音频解码器：对 MPEG－2 视频和音频信号解压缩，符合 ISO/IEC1318－1 系统规范和 ISO/IEC1318－2、3 规范。

PAL/NTSC 视频编码器：将数字视频信号转换为 PAL/NTSC 制式信号。

音频 D/A 变换：将解压缩后的数字音频转换为模拟音频信号。

系统控制：该单元完成对调谐解调、FEC 解码、解复用、解压缩的控制功能，以及对面板和显示器的控制显示功能。对条件接收，还要通过插入智能卡产生控制字对解复用后的数据流进行解密。串行数据接口可与计算机、传真机、打印机、调制解调器连接，以实现其他数据业务。该口还可用于 IRD 的测试、系统软件安装和修改。并行 MPEG－2 传送流接口用于外部传送流输入或机内传送流输出。

4.5.2 主要特性参数

卫星接收机的特性参数可分为射频参数、视频参数和音频参数三部分。

(1)输入信号频率范围

卫星接收机输入第一中频信号带宽通常为 500MHz、800MHz 或 1200MHz；而输入信号频率范围的典型数值为：950～1450MHz，950～1750MHz，950～2150MHz。

(2)输入信号电平 P_i

卫星接收机的输入信号电平为功率电平，其单位为 dBm，即 0dBm 相当于 1mW。输入信号电平是卫星接收机的一项重要特性参数，其典型数值为：

$$P_i = -60 \sim -30\text{dBm}$$

电压电平与功率电平两种单位之间的换算关系为：

$$U(dB\mu V) = P(dBm) + 10\lg R + 90 \qquad (4-21)$$

对于 75Ω 系统，则有 $U(\text{dB}\mu\text{V}) = P(\text{dBm}) + 108.8$。于是，上述卫星接收机输入信号电平的典型数值还可以表示为：

$$U_i = 48.8 \sim 78.8\text{dB}\mu\text{V}$$

卫星接收机的输入信号电平还反映了该机自动增益控制的控制范围。例如，上述的典型数值表明，该机 AGC 的控制范围为 30dB；也就是说，当输入信号在 45dBm±15dB 的范围内变化时，其第二中频信号的强度基本保持恒定，这样就确保了输出信号的质量。

卫星接收机的实际输入信号电平应在该接收机的规定范围之内；输入信号过强时，接收机内部会产生较大的非线性失真；反之，若输入信号太弱，则接收机的内部噪声对信号质量的影响就显得比较严重。

(3)输入阻抗 Z_{in}

目前，各种卫星接收机的输入阻抗均为 75Ω，故整个卫星接收系统为 75Ω 系统，即高频头和第一中频电缆都应选用 75Ω 的。

(4)噪声系数 N_F

噪声系数反映了卫星接收机内部产生的噪声功率的大小。噪声系数与等效噪声温度 T_{REC} 之间的换算仍按式计算，只是将 T_{LNB} 换为 T_{REC} 即可。

卫星接收机噪声系数的典型值为：$N_F=15$dB；在常温下(300K)，换算成噪声温度就是：$T_{REC}=9180$K。

(5)第二中频频率

常见卫星接收机的第二中频频率有 140MHz、400MHz，510MHz 几种规格，选择第二中频的原则是：①避开地面上电视广播的干扰；②避开卫星上的镜像干扰。

在我国，分配给地面电视广播的频率为 4 个频段，它们是：48.5～92MHz(1～5 频道)，167～223MHz(6～12 频道)，470～566MHz(13～24 频道)，606～958MHz(25～68 频道)。显然，当接收地点有 16 频道、17 频道、18 频道或 19 频道的电视广播时，就应该避免使用第二中频为 510MHz 的卫星接收机。

镜像干扰来自卫星转发器，信号频率 f_S、镜像干扰信号频率 f_M 和第二中频频率 f_I 三者之间的关系为：

$$|f_S-f_M|=2f_I \tag{4-22}$$

由于卫星转发器的工作频率带宽为 500MHz 或 800MHz，因此镜像干扰仅出现在第二中频为 140MHz 卫星接收机中。

根据以上分析可知，选择 400MHz 的第二中频可同时避免地面电视广播干扰和卫星镜像干扰。

(6)第二中频带宽

数字卫星接收机的第二中频带宽为一个数字电视频道或数个数字电视频道所占的频带宽度，其典型数值为 7MHz(SCPC)和 30MHz(MCPC)。

(7)视频输出

卫星接收机输出的模拟视频信号为正极性信号(同步头向下)，视频输出电平的典型数值为 $1V_{P-P}$；视频信号带宽的典型数值为 0～5MHz；视频输出阻抗为 75Ω。

(8)音频输出

卫星接收机音频信号带宽的典型数值为30～15000Hz;音频输出电平的典型数值为0dBm;音频输出阻抗为600Ω。

4.6 功分器

功分器为集体卫星接收系统中的一个必不可少的组件,其功能是:①将电缆输送到室内的一路第一中频信号平均分配为若干路,提供给各个卫星接收机;②对各个卫星接收机之间进行有效的隔离,以减少由各接收机本振泄漏引起的相互干扰。

从结构上看,功分器可分为无源功分器和有源功分器两大类;有源功分器是指内部有放大器,若没有放大器就称为无源功分器。

根据输出的端口数目,常见的功分器可以分为二功分器、三功分器、四功分器、八功分器、十二功分器,等等。

4.6.1 特性参数

功分器的特性参数有:接入损耗、隔离度、输入阻抗、输出阻抗、输入驻波比、噪声系数等,其中接入损耗和隔离度是功分器的主要特性参数,而其他参数与卫星接收机的参数类似。

接入损耗L是指功分器的输入信号电平与输出信号电平之差。

隔离度S是指针对卫星接收机输入端口输出的本振泄漏来说的,这种干扰信号从功分器的一个输出端口反向输入,通过功分器对其他的卫星接收机产生影响。卫星接收机本机振荡信号的功率相对来说是比较强的,从一个卫星接收机的输入端口总会有一些本振信号泄漏出来,卫星接收机本振泄漏功率的典型数值约在－30dBm左右。一个卫星接收机泄漏的本振信号对另一个卫星接收机来说就是干扰信号,功分器对各输出端口会产生一定的隔离作用。隔离度的数值为功分器一个输出端口的干扰信号输入电平与该干扰信号在功分器其他输出端口的输出电平之差。

4.6.2　无源功分器

无源功分器由微带线构成，或由电感、电容、磁芯等无源器件构成，它的主要特点是：①工作稳定；(2)结构简单；③基本上无内部噪声。

图 4－33 为微带线构成的无源二功分器的结构示意图。1 端为输入端口，2 端和 3 端为输出端口。当第一中频信号从 1 端输入后，根据结构的对称性可以知道 2 端和 3 端的输出信号是相同的，这样就完成了功率分配的任务。同时由于电阻 R 两端的电位相等，通过电阻的电流为零。无源功分器的隔离是通过输出端口之间的吸收电阻 R 完成的。

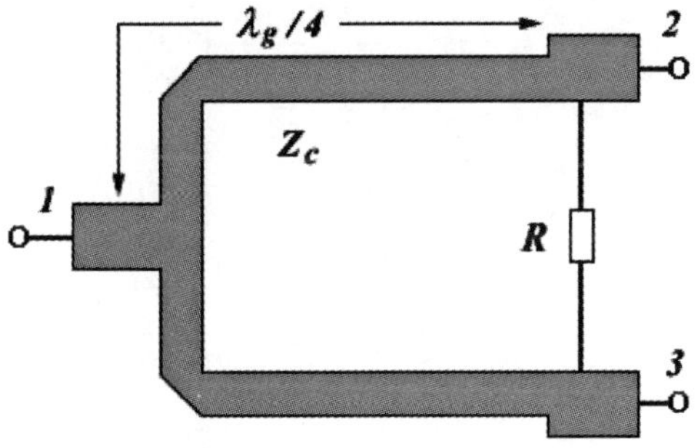

图 4－33　微带线无源二功分器结构示意图

功分器在完成信号分配和输出端口隔离的同时，还必须保证阻抗的匹配。设卫星接收机的输入阻抗为 Z_i，而功分器的输入阻抗应该与接收机的输入阻抗相同。从 1 端看进去的阻抗就是无源功分器的输入阻抗，而对于无源二功分器来说，在输入端以后微带线一分为二，因此每一支路的输入阻抗应该是 $2Z_i$，因此每一条微带支路本身就是一个 $\lambda/4$ 阻抗变换器，其长度为波导波长的四分之一。为了保证功分器的阻抗匹配，微带线的特性阻抗 Z_c 应由下式决定，

$$Z_c = Z_i\sqrt{2} \tag{4-23}$$

对于 75Ω 系统来说，微带线的特性阻抗应为 106Ω。

在工程上，考虑到内部损耗之后，无源功分器的接入损耗可按下式估算：

$$L = \begin{cases} 4dB, & \text{二功分器} \\ 6dB, & \text{三功分器} \\ 8dB, & \text{四功分器} \\ 12dB, & \text{八功分器} \\ 14dB, & \text{十二功分器} \end{cases} \tag{4-24}$$

4.6.3 有源功分器

有源功分器是由放大器、电阻分配器和射随器三部分组成的，图 4－34 为有源四功分器的结构示意图，其核心部分为电阻分配器。电阻分配器对输入信号进行平均分配，放大器的增益用来弥补电阻分配器的损耗；射随器在卫星接收机与电阻分配器之间起到缓冲的作用，同时完成各输出端口间的隔离。显然有源功分器的结构相对来说是比较复杂的，因此产生故障的可能性也比较大一些，同时放大器本身还产生一定的噪声。尽管有以上的不足，但是由于有源功分器对信号无损耗，甚至可以具有一定的增益，因此在接收多套卫星节目的系统中，多采用有源功分器。

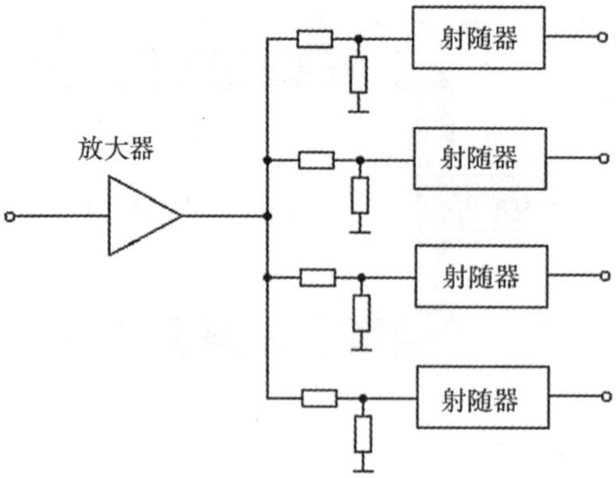

图 4－34　有源四功分器的结构示意图

由于内部有放大器来弥补电阻分配器产生的损耗，因此在使用有源功分器时，仅考虑其隔离度和噪声系数两项参数指标。有源功分器各输出端口之间的隔离是通过射随器来完成的，因此隔离度的数值是相当大的，完全可以满足需要。有源功分器产生的噪声与卫星接收机产生的噪声是类似的，故噪声叠加的计算方法也是一样的。

4.7 线路放大器

数字卫星接收系统中线路放大器的作用是弥补电缆产生的损耗，在卫星天线与系统前端的距离过远的情况之下，就可以采用线路放大器，如图 4－35 所示。线路放大器一般放置在第一中频电缆的中部，其输入端和输出端都是 F 型接头，使用的电源就是卫星接收机提供给高频头的电源。

线路放大器的特性参数有增益、噪声系数、输入阻抗、输出阻抗、驻波比等，

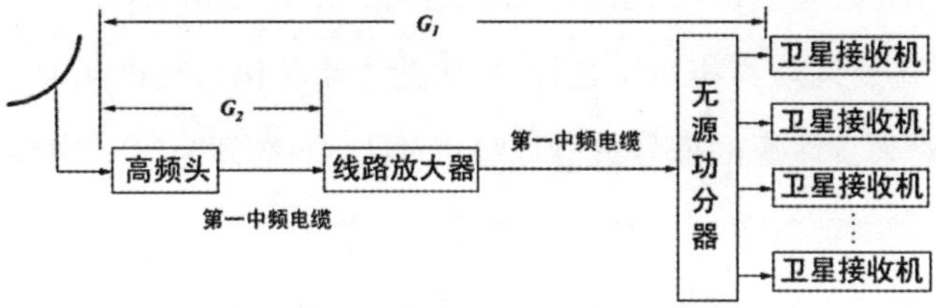

图 4－35　线路放大器的使用

其含义与有源功分器相对应的参数是一样的，故不赘述。线路放大器的增益通常在 10dB～20dB 之间，工作频率范围是 950～1750MHz。

当第一中频电缆的长度大于 50m，同时在系统中使用无源功分器情况下，一般就可以使用线路放大器。线路放大器最好安装在第一中频电缆的中部，这样线路放大器本身噪声产生的影响是比较小的；而当系统中使用有源功分器时，就没有必要使用线路放大器了。

本章小结

卫星电视接收系统由卫星接收天线、高频头和卫星接收机组成。

卫星接收天线广泛采用的反射面天线由反射面和馈源两部分组成，卫星接收系统中常使用旋转抛物面天线和卡赛格伦天线，这两种天线的偏馈型也较常用。本章阐述了各种反射面天线的工作原理，包括天线结构、几何光学特性、天线几何参数等，重点分析了增益、方向图、半功率角、等效噪声温度等卫星接收天线性能参数。1～4.5m 口径的卫星接收天线最常采用抛物面天线，而卡赛格伦天线因轴向尺寸短、方向性强、效率高等特点，在更大口径接收天线中应用，1m 以下口径的接收天线为避免馈源或副面的遮挡，则采用偏馈天线。

工程上根据馈源与反射面的相对位置，将反射面天线分为前馈天线、后馈天线。卫星接收天线中的馈源是圆波导开口面逐渐扩大所形成的圆锥喇叭，前馈天线大多采用 90° 波纹喇叭作为馈源，后馈天线的馈源形式有阶梯喇叭、变张角喇叭、介质加载喇叭和波纹喇叭等几种。馈源内部必须设有圆矩变换段，将圆形波导逐渐过渡为矩形波导，以便与高频头连接。矩形波导中的电场是极化方向与波导宽边垂直线极化波，为接收圆极化波，需在馈源内部设置 90° 移相器，接收时还要调整移相面位置，圆极化波才能转化为线极化波。

高频头对来自馈源的信号进行低噪声放大、下变频为第一中频信号和中频放大，然后通过同轴电缆送入室内接收机。高频头由输入法兰盘、矩形波导、耦合装置、低噪声放大器(LNA)、本振、混频、中放和电源稳压几部分组成。高频头是卫星接收系统中的重要部件，它的性能好坏直接影响卫星接收的质量，对高频头的主要性能要求是增益要高、频带要宽、噪声温度或噪声系数要低、本振频率稳定度要高、输入输出匹配特性要好。

数字卫星接收机的具体工作原理与所采用的传输标准相关，主要完成频道调谐、解调、信道解码、信源解复用、解压缩和 PAL 编码形成全电视信号等功能，对有条件接收功能还需加系统控制和用户智能卡，其特性参数包括射频参数、视频参数和音频参数三部分。

延伸阅读

本章主要介绍卫星接收系统各个组成部分的基本概念及其特性参数。关于卫星接收系统各部分实用、新型设备和辅助器材等相关内容，可参考下列书籍：

- 刘进军编著：《卫星电视接收技术》(第 3 版)第 6 章“卫星天线”、第 7 章“下变频器”、第 8 章“卫星电视接收机”、第 9 章“卫星电视器材设备”；
- 沈永明编著：《卫星电视接收完全 DIY》(第 2 版)第 2 章“卫星接收天线”、第 3 章“卫星接收高频头”、第 4 章“馈源”、第 5 章“卫星接收机”、第 6 章“卫星接收辅助器材”；
- 赵兴涛编著：《卫星电视接收实用技术》第 3 章“卫星接收天线”、第 4 章“卫星电视接收馈源和高频头”、第 5 章“卫星电视中频信号开关和功率分配器件”、第 6 章“数字卫星电视接收机”。

思考与练习

1. 简述前馈天线、后馈天线和偏馈天线的结构和工作原理。

2. 一个3m旋转对称抛物面的深度为1m，确定焦距和 f/d 值。

3. 假设天线效率为55%，计算3m抛物面天线在6GHz和14GHz的增益及半功率角。

4. 求工作频率为12GHz、增益为46dB、效率为60%的圆口面反射面天线的口径。

5. 解释在接收圆极化波时90°移相器所起的作用，并说明当采用前馈天线接收下行右旋圆极化波时应如何调整移向面与矩形波导的位置关系。

6. 某接收系统高频头和接收机的噪声系数分别为1dB和15dB，分别计算出它们的等效噪声温度(K)。

参考文献

1. Warren Stutzman, Gary Thiele. *Antenna Theory and Design*. New York: John Wiley & Sons Inc, 1981.
2. 巴拉尼斯 C A:《天线理论》，电子工业出版社1988年版。
3. 谢处方、邱文杰:《天线原理与设计》，西北电讯工程学院出版社1985年版。
4. 李孝勖主编:《广播电视技术手册第7分册》，《天线》，国防工业出版社1995年版。
5. 车晴、王京玲编著:《数字卫星广播系统》，北京广播学院出版社1999年版。
6. 车晴、张文杰、王京玲:《数字卫星广播与微波传输技术》，中国广播电视出版社2003年版。
7. 刘进军:《卫星电视接收技术》，国防工业出版社2010年版。
8. 沈永明:《卫星电视接收完全DIY》(第2版)，人民邮电出版社2011年版。
9. 赵兴涛:《卫星电视接收实用技术》，化学工业出版社2010年版。

第5章 卫星接收系统工程设计

本章要点：

1. 数字卫星上.下行链路技术参数和链路方程
2. 卫星接收指向参数.接收机输入电平和系统噪声
3. 卫星接收站的安装调试方法

5.1 数字卫星链路的计算

卫星电视链路计算，即对卫星电视链路的传输质量与主要技术参数之间的关系进行定量分析，将为合理建站及良好接收提供理论指导。数字卫星链路与模拟卫星链路的计算方法基本相同，但由于它们的传输方式不同而造成载噪比门限的确定方法不同。本节将系统介绍数字卫星链路的计算方法，同时讨论各种恶化因素对链路传输质量的影响，并对实际链路进行计算。

5.1.1 链路方程

数字卫星传输链路质量的客观指标为误码率，其链路计算也就是根据误码率指标确定出链路所要求的载噪比，然后将其代入链路方程从而计算链路各性能参数或决定地球站天线规模、发送功率、接收机噪声温度等。

(1)上行链路方程和上行地球站参数

上行链路方程有两种形式，如下式所示，至于采用哪种形式取决于能够利用的参数信息：

$$(C/N_0)_U = EIRP_E - L_{s,U} - L_{r,U} + (G/T)_S - 10\lg k \quad \text{dBHz} \quad (5-1)$$

或：

$$(C/N_0)_U = \varphi_s - G_1 - BO_{i,S} - L_{r,U} + (G/T)_S - 10\lg k \quad \text{dBHz} \quad (5-2)$$

式中，脚注“U”表示上行链路；

脚注“S”表示卫星；

脚注“E”表示地球站；

$(C/N_0)_U$ 为上行链路载波功率与噪声密度之比，dBHz；

$EIRP_E$ 为上行地球站发射的等效全向辐射功率，dBW；

$L_{s,U}$为上行链路自由空间传播损耗，dB；

$L_{r,U}$为上行链路降雨衰减余量，dB；

$(G/T)_S$ 为卫星品质因数，dB/K；

k 为玻尔兹曼常数，$k=1.38\times10^{-23}$J/K，$10\lg k=-228.6$dBJ/K；

φ_s 为转发器行波管放大器饱和时的功率通量密度，dBW/m^2；

G_1 为 1m^2 口径天线增益(在上行频率 f_U 时)，dB；

$BO_{i,S}$为转发器输入补偿，dB。

品质因数 G/T 按下式计算：

$$G/T = 10\lg G_r - 10\lg T \quad \text{dB/K} \quad (5-3)$$

其中，T 为等效到接收天线输出端的系统噪声温度，K；G_r 为接收天线增益，对圆口面抛物面天线，增益 G 按下式计算：

$$G = 10\lg[(\frac{\pi D}{\lambda})^2\eta] \quad \text{dB} \quad (5-4)$$

其中，D 为天线直径，m；λ 为工作波长，$\lambda=c/f$，m；η 为天线效率(50～60%)。

自由空间传播损耗 L_0 按下式计算：

$$L_0 = 10\lg(\frac{4\pi d}{\lambda})^2 \quad \text{dB} \quad (5-5)$$

其中，d 为卫星至接收站的距离，m。

等效全向辐射功率 EIRP 的计算公式为：

$$EIRP = P_t - L_f + G_t \quad \text{dBW} \tag{5-6}$$

其中，P_t 为发射机功率，dBW；L_f 为馈线电缆分支滤波器产生的损耗，dB；G_t 为发射天线增益，dB。

在上行链路中，φ_s 和 $EIRP_E$ 是关键的设计因素，其中 $EIRP_E$ 对于给定的可用发射功率 P_t 取决于发射天线增益 G_t。同时，对于固定的 $EIRP_E$，在 P_t 和 G_t 之间可折中调整，调整时受可用发射功率、指向精度和天线反射面尺寸的约束。由式(5—1)和式(5—2)两种上行链路方程可见，地球站 EIRP 可按下式计算：

$$EIRP_E = \varphi_s - G_1 - BO_{i,S} + L_{0,U} \quad dBW \tag{5-7}$$

式中各项参数定义如前。上行站高功放的功率可由式(5—6)计算，但考虑了天线指向损耗和高功放输出补偿后，由下式计算：

$$P_{HPA} = EIRP_E - G_t + L_f + L_p + BO_{o,HPA} \quad \text{dBW} \tag{5-8}$$

其中 L_p 为天线指向损耗，dB；$BO_{o,HPA}$ 为高功放输出补偿，dB。可见，在转发器参数已知的情况下，由(5—7)式和(5—8)式可确定上行站高功放的大致规格。

(2)下行链路方程

对于下行链路，当各载波等功率并且只考虑下行链路本身的噪声时，每载波的$(C/N_0)_D$ 为：

$$(C/N_0)_D = EIRP_S - BO_{o,S} - 10\lg m - L_{0,D} - \Delta L_D - L_{r,D} + (G/T)_D - 10\lg k \quad \text{dBHz} \tag{5-9}$$

式中：脚注“D”代表下行链路；

$EIRP_S$ 为转发器饱和等效全向辐射功率，dBW；

$BO_{o,S}$ 为转发器输出补偿，dB；

m 为转发器载波数；

$L_{s,D}$ 为下行链路自由空间传播损耗，dB；

ΔL_D 为下行链路附加损耗，包括天线指向误差、极化失配和馈线损耗等，dB；

$L_{r,D}$ 为下行链路降雨衰减余量，dB；

$(G/T)_D$ 为下行接收站品质因数，dB/K。

当工作在 MCPC 方式时，转发器只有单载波，不存在交调噪声，为充分利用功率，这时转发器输出接近饱和；当工作在 SCPC 方式时，各载波均分转发器功率，并且多载波放大时为减小交调噪声的影响，转发器输出功率应对饱和功率有适当的回退。

如前所述，下行接收站品质因数$(G/T)_D$为接收站天线增益与系统噪声温度之比。接收站系统噪声包括由天线引入的外部噪声以及高频头、馈线和接收机的内部噪声，等效到天线输出端的接收系统噪声温度由下式给出

$$T = T_a + T_{LNA} + \frac{T_f}{G_{LNA}} + \frac{T_R L_f}{G_{LNA}} \quad \mathrm{K} \tag{5-10}$$

其中，T_a 为天线等效噪声温度，K；

T_{LNA} 为高频头等效输入噪声温度，K；

G_{LNA} 为高频头的增益，真值；

T_R 为接收机等效输入噪声温度，K；

L_f 为馈线电缆损耗，真值；

T_f 为馈线电缆等效输入噪声温度，K，$T_f = T_0(L_f - 1)$，T_0 取 290K。

由上式可见，由于 G_{LNA} 较大（60～65dB）使 T_f 和 T_R 对系统噪声的贡献很小，系统噪声主要取决于天线噪声和高频头噪声。

(3)总链路方程

假设上行链路噪声、下行链路噪声和交调噪声是相互独立的，则总的$(C/N_0)_T$ 如下式：

$$\left(\frac{C}{N_0}\right)_T = \left[\left(\frac{C}{N_0}\right)_U^{-1} + \left(\frac{C}{N_0}\right)_D^{-1} + \left(\frac{C}{N_0}\right)_{IM}^{-1}\right]^{-1} \quad \mathrm{K} \tag{5-11}$$

式中$(C/N_0)_{\mathrm{IM}}$为载波与交调噪声密度比，由于充分的补偿，$(C/N_0)_{\mathrm{IM}}$通常是很高的，因而交调的影响可以忽略。可见，$(C/N_0)_{\mathrm{T}}$ 受上、下行链路噪声的影响，有$(C/N_0)_{\mathrm{T}} < (C/N_0)_{\mathrm{D}}$，但由于$(C/N_0)_{\mathrm{U}} \geqslant (C/N_0)_{\mathrm{D}}$，上行链路噪声对$(C/N_0)_{\mathrm{T}}$的影响较小，通常用一个上行链路噪声因子 β_{U} 计入，一般近似 $\beta_{\mathrm{U}} = -0.5\mathrm{dB}$，于是$(C/N_0)_{\mathrm{T}}$ 简化为

$$(C/N_0)_T = (C/N_0)_D + \beta_U \quad \mathrm{dBHz} \tag{5-12}$$

上述$(C/N_0)_{\mathrm{T}}$ 即为系统可用的 C/N_0，它与总的可利用的 E_b/N_0 有如下换算关系

$$(C/N_0)_T = (E_b/N_0)_T + 10\lg R_b \quad \text{dBHz} \qquad (5-13)$$

式中，R_b 为载波有效信息速率，bit/s。一般卫星节目参数中不直接给出载波有效信息速率，而是给出载波符号率，因此需要将符号率换算为有效信息速率，换算关系为

$$R_b = R_c R_s \log_2 M \quad \text{bit/s} \qquad (5-14)$$

式中，R_s 为载波符号率，symbol/s，或 Baud；Rc 为纠错码编码效率，对 DVB－S 系统，Rc 取为内码码率；M 为调制阶数，对 DVB－S 系统，$M=4$。

在实际链路中，为使系统正常工作，设计时必须使可用的 $(E_b/N_0)_T$ 高于门限值 $(E_b/N_0)_{th}$ 并留有一定的链路余量，即：

$$(E_b/N_0)_T = (E_b/N_0)_{th} + M_l \quad \text{dB} \qquad (5-15)$$

式中，M_l 为链路余量，dB。

在以上链路方程中，载噪比用载波与噪声密度比 C/N_0 表示，若用载波与噪声功率比 C/N 或载波与噪声温度比 C/T 表示，则按如下关系进行换算：

$$C/N = C/N_0 - 10\lg B = C/T - 10\lg k - 10\lg B \quad \text{dB} \qquad (5-16)$$

式中，B 为噪声带宽，Hz。

5.1.2 链路计算步骤

接收站的链路计算一般分下述两种情况，它们的已知条件和计算步骤有所不同：

第一种，已知上行调制和卫星转发器基本参数，以及接收站设备技术参数，计算接收站能得到的 C/N_0（或 C/N）并估算链路余量。计算步骤如下：

(1)根据接收站设备技术参数，如天线口径、效率、噪声温度和 LNB 等效输入噪声温度，计算接收站品质因数 $(G/T)_D$。

(2)根据上行调制和转发器基本参数，考虑适当的转发器输出补偿 $BO_{o,S}$，并按接收地点计算 $L_{s,D}$ 和考虑适当的 $\triangle L_D$ 和 $L_{r,D}$。

(3)将 $(G/T)_D$ 和步骤(2)中参数代入下行链路方程计算出 $(C/N_0)_D$，再求出总链路 $(C/N_0)_T$ 即为接收站可用的 C/N_0。

(4)将可用 $(C/N_0)_T$ 换算为可用 $(E_b/N_0)_T$，与系统误码性能要求的门限值 $(E_b/N_0)_{th}$ 相比，计算出该接收站有多大的链路余量。

第二种，已知上行调制和转发器基本参数，根据系统误码性能要求，估算接收站设备应达到的技术要求。计算步骤如下：

(1)根据系统误码性能要求，计算或查出门限$(E_b/N_0)_{th}$。

(2)考虑适当的链路余量，计算可用的$(E_b/N_0)_T$和$(C/N_0)_T$，并得到$(C/N_0)_D$。

(3)根据上行调制和转发器基本参数，考虑适当的转发器输出补偿$BO_{o,S}$，并按接收地点计算$L_{s,D}$和考虑适当的ΔL_D和$L_{r,D}$。

(4)将$(C/N_0)_D$和步骤(3)中的参数代入下行链路方程，计算出接收站应满足的品质因数$(G/T)_D$要求。

(5)为满足该$(G/T)_D$要求，在接收站 LNB 指标和天线指标上进行折中调整，如先确定 LNB 等效输入噪声温度再确定天线口径。

上行链路计算则是根据卫星参数，估算所需上行载波与噪声功率谱密度之比，以及估算满足该卫星参数的地球站上行设备参数。

根据上述链路公式，下面给出几个典型链路计算的例子。

5.1.3　链路计算实例

表 5－1 给出了某卫星和与其协同工作的一个小型地球站系统的计算例子。由该例可见，根据卫星参数，可以估算所需上行载波与噪声功率谱密度之比，也可以估算满足该卫星参数的地球站上行设备参数。

表 5－1　上行链路和地球站参数的典型计算(工作在 14GHz)

转发器饱和通量密度 φ_s	$-$ 81.0dBW/m²	$-$ 81.0dBW/m²
1m² 天线增益	−) 44.5dB	−) 44.5dB
转发器输入补偿 $BO_{i,S}$	−) 10.0dB	−) 10.0dB
卫星品质因数$(G/T)_S$	+) 1.9dB/K	
玻尔兹曼常数 10lg$k$	−) −228.6dBJ/K	
上行链路降雨余量 $L_{r,U}$	−) 0.0dB	
上行载波与噪声密度比$(C/N_0)_U$	95.0dBHz	
上行自由空间传播损耗 $L_{s,U}$		+) 207.3dB
地球站等效全向辐射功率 $EIRP_E$		71.8dBW
发射天线增益 G_t		−) 52.3dB
波导损耗 L_f		+) 0.7dB
天线指向损耗 L_p		+) 0.8dB
地球站高功放输出补偿 $BO_{o,HPA}$		+) 3.0dB
地球站高功放功率 P_{HPA}		24.0dBW 251W

表 5－2　中星 6B 卫星典型链路计算

载波频率 f_D		3840MHz
1.5m 天线增益 G_r(η=60%)		33.4dB
接收站系统等效噪声温度 10lgT	－)	10lg100dBW
接收站品质因数$(G/T)_D$		13.4dB/K
转发器饱和等效全向辐射功率 $EIRP_S$	＋)	42.0dB
转发器输出补偿 $BO_{o,S}$	－)	0.5dB
转发器载波数 10lgm	－)	10lg1dB
下行链路自由空间传播损耗 $L_{s,D}$	－)	196.0dB
下行链路附加损耗$\triangle L_D$	－)	1.0dB
下行链路降雨余量 $L_{r,D}$	－)	0.5dB
玻尔兹曼常数 10lgk	－)	－228.6dBJ/K
下行链路载波与噪声密度比$(C/N_0)_D$		86.0dBHz
上行链路噪声因子 β_U	＋)	－0.5dB
总链路载波噪声密度比$(C/N_0)_T$		85.5dBHz
载波信息速率 10$lg$$R_b$	－)	10lg(41.25×10^6)dBbit/s
可用$(E_b/N_0)_T$		9.3dB
门限值$(E_b/N_0)_{th}$	－)	5.5dB(Rc=3/4 卷积码)
链路余量 M_l		3.8dB

表 5－3　中星 6A 卫星典型链路计算

载波频率 f_D		3922MHz		12621MHz
BER 要求的门限$(E_b/N_0)_{th}$		5.5dB　(R_c=3/4)		1.0dB(R_c=1/2,QPSK)
链路余量 M_l	＋)	2.5dB	＋)	2.5dB
可用$(E_b/N_0)_T$		8.0dB		3.5dB
载波信息速率 10lgR_b	＋)	10lg(10.875×10^6)dBb/s	＋)	10lg(43.2×10^6)dBb/s
总链路载波与噪声密度比$(C/N_0)_T$		78.4dBHz		79.9dBHz
上行链路噪声因子 β_U	－)	－0.5dB	－)	－0.5dB
下行链路载波与噪声密度比$(C/N_0)_D$		78.9dBHz		80.4dBHz
转发器饱和等效全向辐射功率 $EIRP_S$	－)	41.0dBW(北京)	－)	50.0dBW(北京)
转发器输出补偿 $BO_{o,S}$	＋)	3.5dB	＋)	0.5dB
转发器载波数 10lg$m$	＋)	10lg3dB	＋)	10lg1dB
下行链路自由空间传播损耗 $L_{s,D}$	＋)	196.0dB	＋)	206.0dB
下行链路附加损耗$\triangle L_D$	＋)	1.0dB	＋)	1.0dB
下行链路降雨余量 $L_{r,D}$	＋)	0.5dB	＋)	6.0dB
玻尔兹曼常数 10lg$k$	＋)	－228.6dBJ/K	＋)	－228.6dBJ/K
接收站品质因数$(G/T)_D$		15.1dB/K		15.3dB/K
接收系统等效噪声温度 10lgT	＋)	10lg100dBK	＋)	10lg100dBK
接收站天线增益 G_r		35.1dB		35.3dB
接收天线尺寸 D(η=60%)		1.8m		0.6m

表5－2给出中星6B卫星S7转发器以MCPC方式传送中央电视台电视节目时，第一种情况下链路计算的例子；表5－3给出了中星6A卫星C频段11转发器以SCPC方式传送省级电视节目时和Ku频段转发器传送DVB－S2数据节目时，第二种情况下链路计算的例子。

需要说明的是，中星6B卫星S7转发器的载波传输速率为27.5Msymbol/s，由于QPSK调制每符号传输2比特并且卷积码编码效率为3/4，因此有效信息速率为$(27.5\times10^6\times2\times3/4)$bit/s＝$(41.25\times10^6)$bit/s，表5－2中直接给出了这个数值。同理，表5－3中，中星6A卫星C频段11转发器的云南卫视的载波传输速率为7.25Msymbol/s，卷积码编码效率为3/4，因此有效信息速率为$(7.25\times10^6\times2\times3/4)$bit/s＝$(10.875\times10^6)$bit/s。表5－3中的中星6A Ku频段转发器符号率为43.2Msymbol/s、纠错码效率为1/2、调制方式为QPSK，因此有效信息速率为43.2Mbit/s。

两个表中的下行链路自由空间传播损耗均取了典型值，实际上应按具体接收地点计算，不过结果与典型值相差不大，其误差对链路计算结果的影响可忽略。同理，转发器饱和等效全向辐射功率也应按实际接收地点参照波束覆盖图取值。上面两个例子中，工作在MCPC方式的转发器可以考虑较小的输出补偿，而工作在SCPC方式的转发器则要求有较大的转发器输出补偿，C频段可不考虑降雨余量而Ku频段应按实际接收地点的降雨强度留有一定的降雨余量(如在北京可按最差月份99.99%的可用时间留有6dB余量)，如表中参数所示。

另外，中星6A卫星Ku频段转发器上的数据节目是以DVB－S2方式传送，采用QPSK调制、1/2码率纠错码模式下，系统误码门限为$E_s/N_0=1.0$dB，经换算，E_b/N_0门限为1.0dB。

以上两例中，中星6A卫星C波段、Ku波段转发器波束覆盖图分别如图5－1和图5－2所示，中星6B卫星C波段转发器波束覆盖图如图5－3所示。

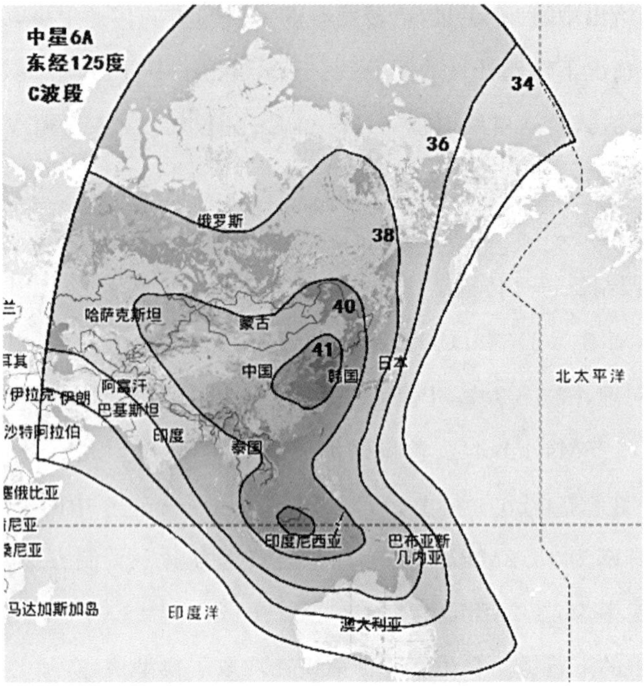

图 5－1　中星 6A 卫星 C 波段波束覆盖图

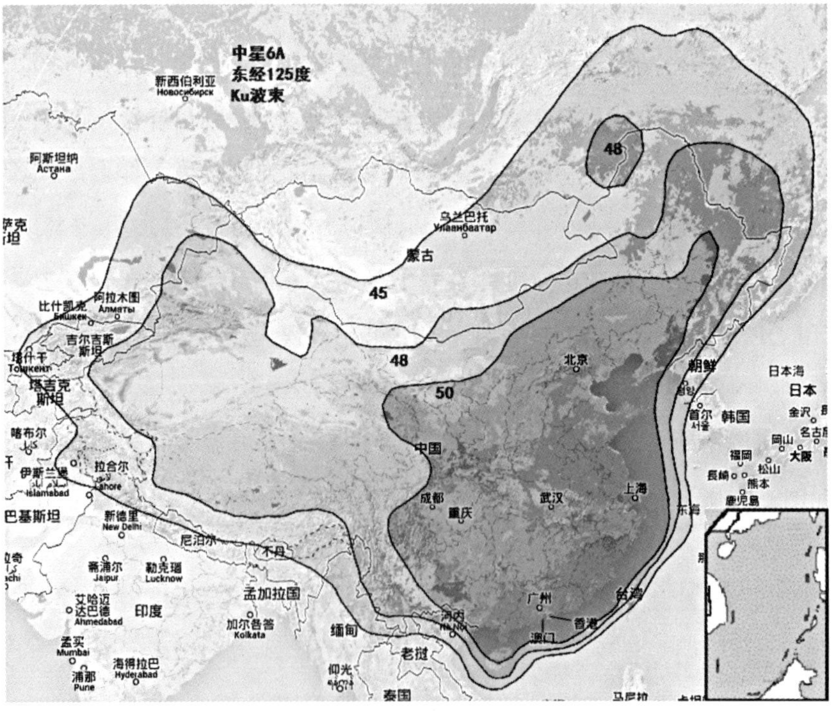

图 5－2　中星 6A 卫星 Ku 波段波束覆盖图

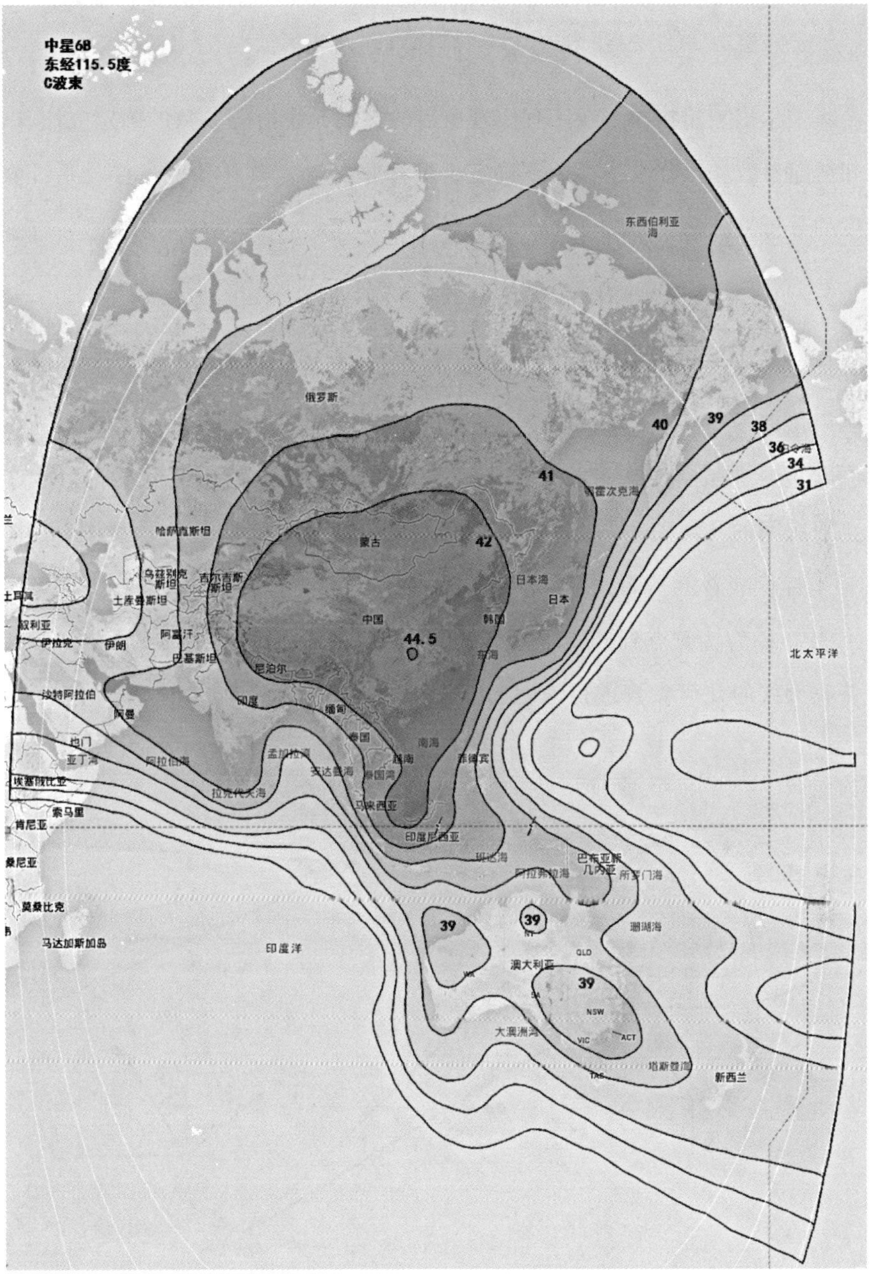

图 5—3　中星 6B 卫星 C 波段覆盖图

5.2 接收系统的工程设计

本节给出卫星接收系统工程实现所需的接收天线指向参数的确定方法，以及已知链路参数和接收设备参数下确定卫星接收机输入电平和卫星接收系统噪声温度的分析方法。

5.2.1 接收天线的指向参数

接收天线的指向参数有天线的仰角 El、方位角 Az、极化角 α_p 以及接收天线至卫星的距离 d。

静止卫星和接收地点之间的几何关系如图 5－4 所示；其中左图为地球与静止卫星间的几何关系，右上角为地面上天线仰角和方位角的示意图，其中 x' 和 y' 坐标代表着地平面，右下角为赤道坐标（xyz）与地平坐标（$x'y'z'$）间的关系。图中 R 为接收点到同步卫星的位置矢量，引入位置矢量目的是，便于对卫星接收天线的几何参数进行说明和分析。

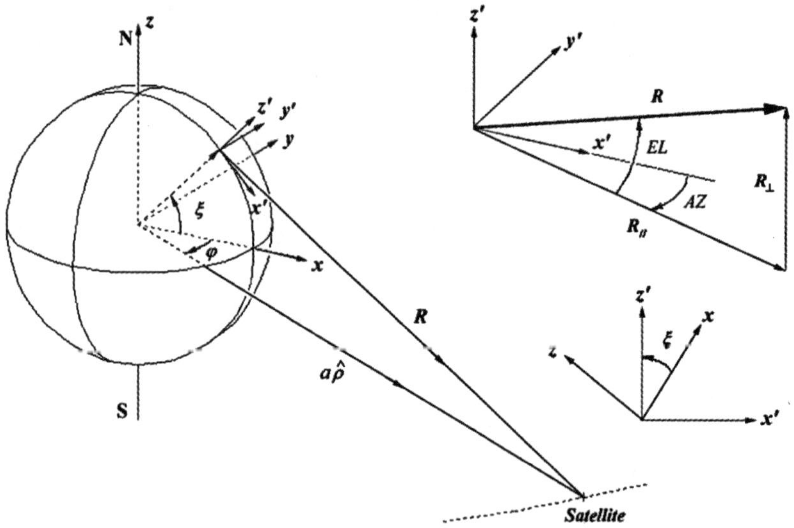

图 5－4　接收地点与静止卫星之间的几何关系

设接收地点的纬度为 ξ，接受地点精度为 φ_R，静止卫星的经度为 φ_S。为了便于分析，引入相对经度（接收地点与卫星的经度差）：

$$\varphi = \varphi_R - \varphi_S \tag{5-17}$$

相对经度为代数量，当卫星位于接收地点的西面时，相对经度为正数；反之，当卫星位于接收地点的东面时，相对经度为负数。

我们知道，地球半径为 6378km，静止卫星的高度为 35786km，以地球半径为单位长度，静止卫星轨道的相对半径 a 可以表示为：

$$a = 1 + (35786/6378) = 6.6108 \tag{5-18}$$

(1)接收天线仰角 EL

位置矢量 R 与地平面的夹角就是接收天线的仰角 EL，如图5—4所示。从该图中可以清楚地看出，位置矢量的垂直分量与水平分量之比就是天线仰角的正切，由于位置矢量是接收点经纬度和卫星位置的函数，因此接收天线仰角也是由接收点经纬度和卫星位置所共同确定的。

接收天线仰角的计算公式为：

$$\tan EL = R_{\perp} / R_{/\!/} = \frac{\cos\xi\cos\varphi - 0.15127}{\sqrt{1-\cos^2\xi\cos^2\varphi}} \tag{5-19}$$

(2)接收天线方位角 AZ

从图 5—4 中可以清楚看出，位置矢量 R 在地平面上的投影与接收点正南方向的夹角就是接收天线的方位角。显然，接收天线方位角也是由接收点经纬度和卫星位置所共同确定的。

接收天线方位角的计算公式为：

$$\tan AZ = -R_{y'} / R_{x'} = \tan\varphi / \sin\xi \tag{5-20}$$

从上式可以看出，接收天线方位角的正切等于相对经度的正切与接收点纬度的正弦之比。由于相对经度是代数量，因此接收天线的方位角也是代数量，当卫星位于接收点西南方时，方位角为正数；而当卫星为接收点东南方时，方位角为负数。

(3)极化角 α_p

极化角 α_p 的概念已在本书 2.5 节中介绍了，它是接收点地平面与水平极化波电场平面之间的夹角。

极化角的计算公式为：

$$\tan\alpha_p = \frac{-\sin\varphi\sqrt{a^2 - 2a\cos\xi\cos\varphi + 1}}{\tan\xi \cdot (a - \cos\xi\cos\varphi)} \tag{5-21}$$

(4)查曲线法

上面给出的 3 个计算公式都比较复杂，在工程设计过程中往往采用查曲线的方法来求出天线的仰角、方位角和极化角，这样做的好处是计算方便、简单易行，同时精度也足以满足工程上的需要。

图 5－5 为接收天线仰角和方位角的曲线，其中横坐标为接收地点与卫星经度差的绝对值，而纵坐标为接收地点的纬度，由这两个参数就可以根据图 5－5来估算出天线仰角和方位角的数值，其误差不超过 2.5°，在工程上这样的计算精度是足够了，因为天线总是需要进行细致的调整，而在调整之前了解一下天线指向的大概方位就可以了。

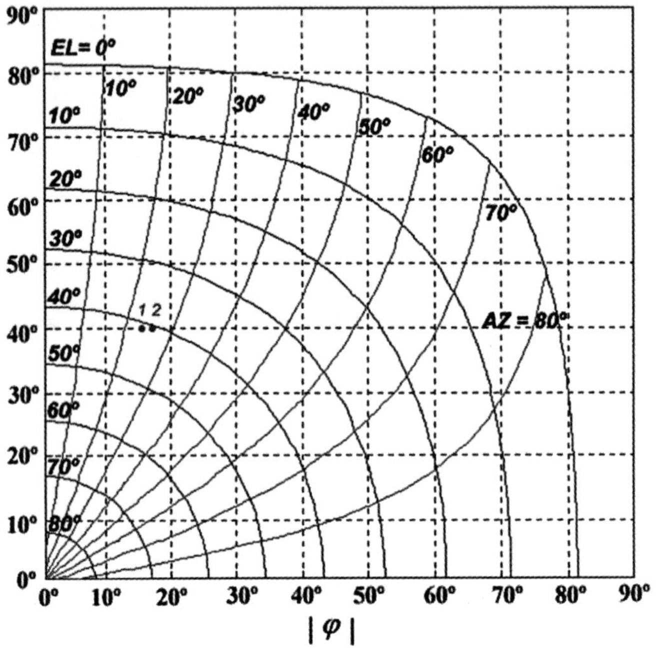

图 5－5　仰角和方位角的计算曲线

在工程设计过程中，可以采用表格的方式将本地区所要接收卫星的天线仰角和方位角记录下来，同时根据图 4－12 给出的曲线估算出天线的噪声温度，并根据图 5－6 给出的曲线估计出天线的极化角。图 5－6 与图 5－5 的用法是类似的。

例如，在北京接收亚洲 5 号、亚太 6 号的数字卫星广播。北京的纬度可以按 40°计算，而北京的经度约为 116.5°，将这些数据列入表 5－4 中，然后根据上述三

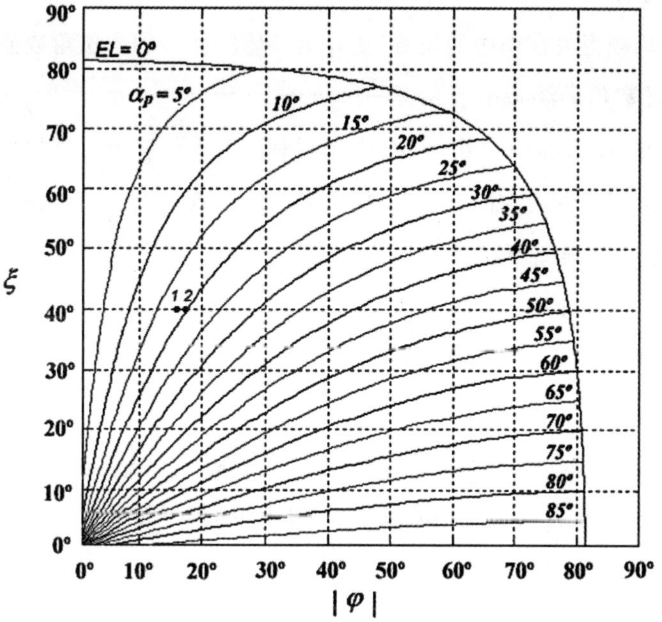

图 5－6　极化角的计算曲线

个曲线来估计天线的仰角、方位角、极化角和噪声温度，其结果是一目了然的。

表 5－4　在北京接收数字卫星广播时的指向参数

No	卫星位置	纬度 ξ	经度差	方位角 AZ	仰角 EL	噪声温度 T_a	极化角 p
1	亚洲 5 号 100.5°E	40°	16°	23°	42°	C：22K Ku：31K	18°
2	亚太 6 号 134°E	40°	－17.5°	－26°	41°	C：22K Ku：31K	19°

查表的步骤如下：

• 根据式求出接收地点与卫星的经度差 φ。注意：φ＞0，表示卫星在接收地点的西南方向；φ＝0，表示卫星在接收地点的正南方向；φ＜0，表示卫星在接收地点的西南方向。

• 在图 5－5 上找到代表接收地点纬度的横线，并根据经度差的绝对值在该线上标出相应卫星的位置，也就是说此时不考虑经度差的正负，如亚洲 5 号在

图 5－5 中的“1”点，亚太 6 号在“2”点。

• 根据每颗卫星在图中的位置，估计出具体的仰角和方位角数值，若细心一点的话，估计数值的误差小于 2.5°。

• 根据仰角的数值，从图 4－12 中找到对应的天线噪声温度的数值。

• 采用类似的方法在图 5－6 中标出卫星的位置，然后估算出极化角的具体数值，估计数值的误差不超过 1.25°。

(5)接收地点与同步卫星间的距离 d

接收地点与同步卫星间的距离也是由接收点经纬度和卫星位置所共同确定的，其计算公式为：

$$d = 6378\sqrt{44.70 - 13.22\cos\xi\cos\varphi} \times 10^3 \quad (\mathrm{m}) \qquad (5-22)$$

因此，在地球上任何地点，卫星天线到同步卫星的距离的取值范围是 $d \in [35786, 41678]$km。

计算卫星到接收地点间距离的目的是为了求出自由空间传播损耗 L_o。将距离的实际数据代入(5－5)式，可以得到自由空间传播损耗的取值范围如下：

C 波 段： $L_o = 196.2 \pm 0.67$dB

Ku波段： $L_o = 205.8 \pm 0.67$dB

根据以上的结果，在工程上 C 波段的电波扩散损耗可以按照 196.2dB 来计算，而 Ku 波段的电波扩散损耗可以按照 205.8dB 来计算，其误差均不会超过 0.67dB，这样可以比较合理地简化设计过程，便于工程技术人员使用，同时其计算精度也足以满足工程需要。

5.2.2 卫星接收机的输入电平

卫星接收机的输入电平应该在接收机规定的范围之内，若输入信号过强，则在接收机内部会产生较大的非线性失真；而输入信号过弱，接收机内部噪声的影响就显得很严重。在卫星接收站的工程设计过程中，必须对接收机的输入电平进行核算，以确保接收机正常工作。

目前，数字卫星接收机输入电平范围的典型数值是－60dBm～－30dBm。

卫星接收机输入电平 P_i 的计算公式为：

$$P_i = EIRP(dBW) - BO_o - 10\lg m - L_o - \Delta L + G + G_{LNB} - L_{CABLE} - L_S \qquad (5-23)$$

式中，L_o 为自由空间传播损耗，ΔL 为下行链路的附加损耗，G 为接收天线的增益，G_{LNB} 为高频头的增益，L_{CABLE} 为电缆的损耗，L_S 为功分器的损耗，增益和损耗的单位均为 dB；BO_o 为卫星转发器的输出功率补偿(亦称功率回退)，m 为一个转发器中的载波数。

在卫星的第一中频频率范围内，常用电缆的损耗常数见表 5－5。

表 5－5　常用电缆的损耗常数

电缆型号	SYKY－75－5－7	SYKY－75－7－7	SYKY－75－9－7	SYKY－75－12－7
损耗常数(dB/100m)	31.2	20.8	16.5	13.9

5.2.3　接收系统的噪声温度

在工程设计的最后，还要计算一下整个卫星接收系统的噪声温度。系统的噪声温度由两部分构成，一部分来自空间的各种无线电干扰，这部分噪声用天线的等效噪声来描述；另一部分噪声来自卫星接收系统内部，主要是由各种有源器件产生的，这部分噪声由高频头的等效噪声温度和卫星接收机的等效噪声温度来描述。如果接收系统内使用有源功分器或线路放大器，则还需考虑它们的影响。

根据噪声的叠加规律，卫星接收系统噪声温度的计算公式为：

$$T = T_A + T_{LNB} + \frac{T_{SAT}}{G_1} \qquad (5-24)$$

其中，T 为系统噪声温度；T_A 为天线噪声温度；T_{LNB} 为高频头等效噪声温度；T_{SAT} 为卫星接收机等效噪声温度；G_1 为高频头输入端与卫星接收机输入端之间的净增益(见图 4－35)，其中包括高频头的增益、电缆的损耗、功分器的损耗，G_1 的单位为倍。

在使用有源功分器或线路放大器的情况下，卫星接收系统的噪声温度可按下式计算：

$$T = T_A + T_{LNB} + \frac{T_{SAT}}{G_1} + \frac{T_{AMP}}{G_2} \qquad (5-25)$$

式中，T_{AMP} 为线路放大器或有源功分器的等效噪声温度；G_2 为高频头输入端与线路放大器或有源功分器输入端之间的净增益(见图 4－35)，G_2 的单位为倍。

5.3 卫星接收站的安装与调试

数字卫星接收系统的安装与调试大致分为机械部分和电气部分，机械部分要考虑天线的风荷、天线基础的承重等问题，在本节中，仅讨论电气部分的问题。

5.3.1 天线位置的选择

从尽量减轻微波干扰的角度出发，卫星接收天线最好安放在地面上，而目前的实际情况是，大多数的卫星接收天线都安装在楼房的顶层上，因为这样既美观，同时第一中频电缆的长度也不长。

地面的微波干扰主要发生在C波段，而目前在Ku波段内可以不考虑干扰的问题。在我国很多部门使用微波中继线路来传输信号，如邮电、广电、国防、铁路、油田等系统均设有自己的微波中继线路，一般每隔30km～50km就要设置一个中继站。只要本地区的微波中继线使用的频率为4GHz，就会对C波段卫星广播产生不同程度的干扰。为了减轻地面微波中继线的干扰，可以采用的措施有：

- 将天线放置在地面上，利用周围现有的建筑物对微波干扰进行遮挡。这是一种行之有效的措施，理论分析和实际测量均表明，合理地利用建筑物的遮挡，可以将干扰信号衰减20dB左右，一般来说这样的衰减量是足够的了。
- 天线放置在楼顶上，电梯间或水箱间等楼顶建筑物对微波干扰进行遮挡。
- 在微波干扰的方向上设置金属屏蔽网。
- 在山区内，适当地选择在盆地或谷地安装天线。在平原地区，在干扰十分严重的情况之下，可以考虑在地面挖一个大坑，将天线放置在坑内。

图5—7 天线主瓣的圆锥面

在天线位置选择过程中，除了要考虑微波干扰的问题外，还要考虑在天线的主瓣方向上是否存在遮挡。对于卫星接收天线来说，要求在距天线波束中心（即天线方向图主瓣的中心线）5°的范围以内，不能有任何建筑物、电线、树木、山峰等存在，这个范围是一个圆锥面，如图 5－7 所示。我们知道，卫星接收天线的半功率角在 2°以内，故在以波束中心为母线，半顶角为 5°的圆锥面内不存在任何遮挡物就不会对天线方向图的主瓣产生影响，而遮挡天线的副瓣对接收卫星信号没有影响，但却有利于抑制干扰，这样的遮挡是我们求之不得的。

5.3.2　天线的防雷

卫星接收天线的防雷是十分重要的，若解决不好，会给卫星接收系统带来很大的损害。从原则上说，天线的防雷工作应该按照国家标准《建筑物防雷设计规范》(GBJ57－83)来实施。

若卫星接收天线附近已经有合格的避雷针，同时卫星天线处于该避雷针的有效防护区域之内的话，则无需给卫星接收天线加装避雷针，但此时要求卫星底座的接地电阻要小于 4Ω。避雷针的有效防护区域的形状类似一把雨伞，见图 5－8，其中避雷针的高度为 H。注意避雷针一定要位于卫星接收天线的背面，否则它也会对天线产生遮挡。若卫星接收天线处于空旷地带或避雷针的有效防护区域之外，这种情况下就应该在天线的背面安装合乎防雷规范的避雷针，或直接在天线主反射面上单独焊接一个长度约为 2.5m，直径约为 0.02m 的避雷针，材料应该选择镀锌的圆钢，顶部成针状。

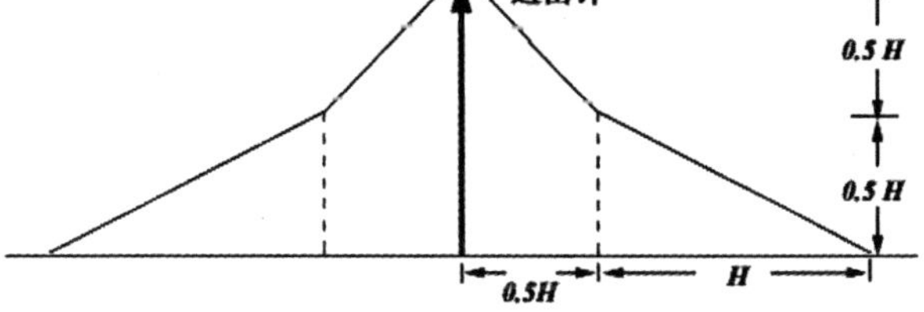

图 5－8　避雷针的防护范围

5.3.3　天线的安装与调试

首先，对天馈系统各部件进行安配，特别是正确地安装好馈源，确保馈源位于反射面的焦点处。若天线的生产厂家未给出反射面的焦距 f，则可以根据反射面的厚度 W 求出它的焦距数值来,见图 4－2 和式(4－4)。然后将天线安装在天线基址上。

天线的调试主要是调整好天线的仰角、方位角和极化角,使所收卫星信号的接收处于最佳状态。天线调试的基本步骤如下:

• 对所要接收的卫星,计算或查询接收地点的天线仰角、方位角和极化角,并利用直尺、指南针、铅笔、量角器和铅垂线等工具对天线的三个角度进行初步调整。

注意调整仰角时要有耐心,因为仰角的改变对天线指向的影响相比起来要大一些。若能在天线上找到一个与天线口面平行的平面,利用普通的量角器就可以方便地确定出天线的实际仰角,见图 5－9。调整天线的方位角时,要明确本地的正南方向。寻找正南方向可以使用罗盘或指南针,但是要注意磁偏角的问题,因为地球的磁南极和磁北极与地理的南极和北极并不重合。实际上,正南方向是很容易确定的,在地面上安装一根垂直的竖杆,当杆的影子长度为最短时,太阳的方向就是当地的正南方向。接收圆极化波时,要根据图 4－22 来调整好移相器的位置。而接收线极化波时,则要调整好极化角。极化角的计算曲线见图 5－6,在实际调整的过程中,要特别注意位于接收地点西南方向的卫星与位于接收地点东南方向的卫星的极化角调整方向是完全不同的。以前馈天线为例,从馈源向反射面看,在接收正南方向的卫星时,馈源法兰盘的窄边代表了天线的极化方向;在接收西南方向的卫星时(接收地点的经度大于卫星的经度),需要将馈源逆时针转动一个极化角;而接收东南方向的卫星时(接收地点的经度小于卫星的经度),需要将馈源顺时针转动一个极化角,具体见图 5－10。

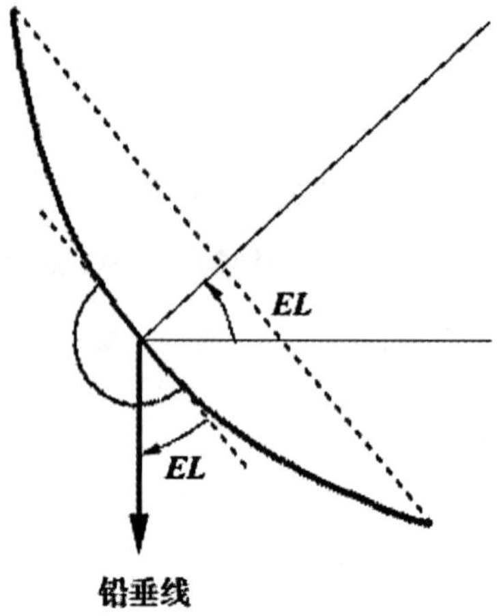

图 5－9 天线仰角的确定

• 搭建临时系统进行寻星操作和天线微调。

为了便于进行调整,可以在卫星接收天线旁边先搭建一个临时系统,在天线的调试过程中,技术人员可随时了解情况。可以采用三种方法搭建临时系

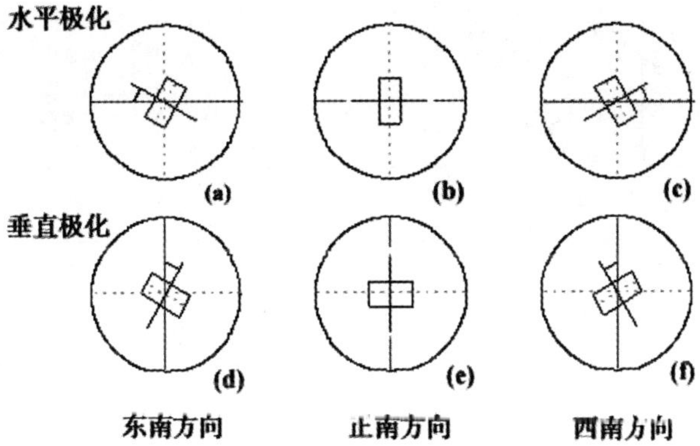

图 5—10 极化角的调整

统：①利用频谱仪或寻星仪寻星。频谱价格昂贵、寻星调整精度高、速度快，适合专业台站使用，后者操作简单成本低，适合小型台站和业余爱好者使用。②利用模拟卫星接收机寻星。模拟卫星信号的接收质量随信号强度变化而渐变，当预置好模拟卫星电视信号的参数并将天线大致对准卫星，就可以从接收机解调出图像，然后再利用数字接收机微调至信号质量最大即可。由于近年模拟卫星节目的减少，此方法已逐渐不被采用。③利用数字卫星接收机的寻星功能进行微调。近年来许多新型卫星接收机增强了实用的寻星功能，可以使用户直接利用该功能进行寻星操作。上述临时系统组成如图 5—11 所示。

• 与接收机配合实现准确天线定位。

天线调整通常是和数字接收机的相关参数设置同步进行的，各种数字接收机的参数调整与设置方法不同，但概括起来寻星过程分为天线设定、天线定位和扫描卫星这三个步骤。天线设定包括所接收卫星设定或新增卫星设定，根据卫星频段的不同选择高频头的本振频率，中频切换开关设置；天线定位主要是通过设定接收卫星的节目参数（下行频率、极化方式、符号率），并根据接收机显示的信号强度和信噪比，对天线的仰角、方位角和极化角精细调整直至信号强度和信噪比最大；扫描卫星通常是根据卫星节目表的参数，设置手动扫描（输入每个节目的参数，如下行频率、极化方式、符号率等）、单星扫描（输入符号率）或多星扫描（盲扫）的方式，将所有卫星节目频道搜索出来。

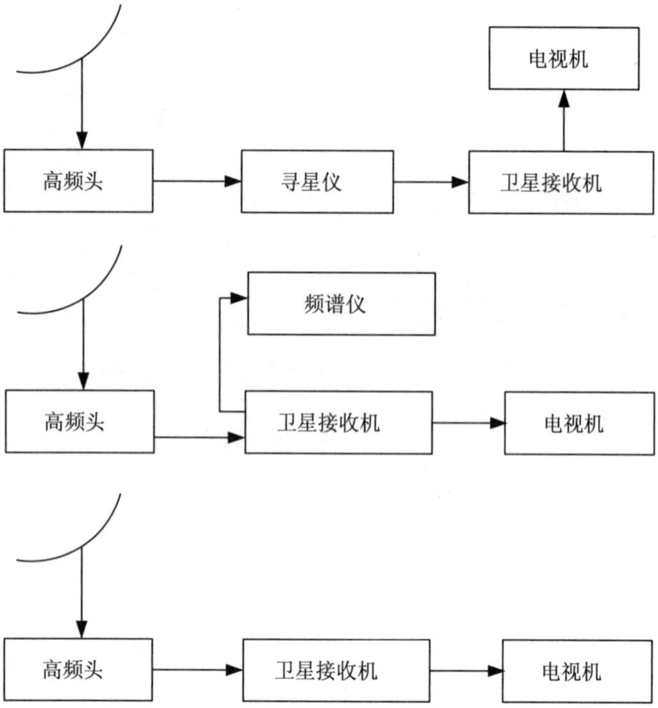

图 5—11 临时系统

• 拆除临时系统，按实际应用需要将卫星接收系统连接好，这样卫星接收系统就算调试完毕了。

卫星接收机输出的是音频信号和视频信号，若是个体接收的话，将电视机直接与卫星接收机连接在一起就可以了；若是集体接收的话，将卫星接收机输出的音频信号和视频信号与有线电视系统中的调制器连接在一起就可以产生确定频道的射频信号。

5.3.4 系统的日常维护

卫星接收系统的日常维护比较简单，关键是要保持馈源和反射面的清洁，千万不要让馈源进水、结冰，不要让反射面积水、积雪或结冰，一旦发生了馈源进水或反射面积水等现象，卫星信号将受到一定程度的衰减，从而有可能影响卫星信号的接收。

在每年的春分前和秋分后会发生日凌现象，影响卫星信号的接收，这与接收系统本身无关。在此阶段，卫星接收系统的值班人员一定要注意观察，一旦日凌现象使数字卫星广播发生中断，数字卫星接收机需要重新开机，否则会始终保持在“死机”状态。

另外，在接收 Ku 波段的数字卫星广播时也要注意雨衰对卫星接收的影响。雨衰对 Ku 波段的卫星广播发生中断，这在我国的东南沿海尤为严重，尽管适当地加大接收天线的口径可以在一定程度上减轻雨衰的影响，但是不可能根本解决雨衰问题，当卫星的上行线路或下行线路发生较大的降雨时，往往就会使数字卫星广播中断，因此值班人员也要注意观察，随时准备对数字卫星接收机进行重新开机。

本章小结

卫星链路计算，就是通过对卫星电视链路的传输质量与主要技术参数之间的关系进行定量分析，为合理建站及良好接收提供理论指导。接收站的链路计算一般分下述两种情况：已知上行调制和卫星转发器基本参数，以及接收站设备技术参数，计算接收站能得到的载波功率与噪声功率谱密度之比并估算链路余量；已知上行调制和转发器基本参数，根据系统误码性能要求，估算接收站设备应达到的技术要求。上行链路计算则是根据卫星参数，估算所需上行载波与噪声功率谱密度之比，以及估算满足该卫星参数的地球站上行设备参数。本章给出了上、下行链路分析所需的技术参数和链路方程，并对卫星链路实例进行了分析。

本章还给出了卫星接收系统工程实现所需的接收天线指向参数的确定方法，以及已知链路参数和接收设备参数下确定卫星接收机输入电平和卫星接收系统噪声温度的分析方法。并且简要介绍了卫星接收站的安装调试方法，包括天线的位置选择、防雷、安装与调试以及系统维护等内容。

延伸阅读

本章重点介绍了卫星链路计算方法和工程设计分析方法，对卫星接收系统的安装与调试方法进行了简要介绍。关于卫星电视接收实用技术的更多内容，可参看以下书籍：

- 沈永明编著：《卫星电视接收完全DIY(第2版)》第7章“接收器材安装和调整”、第13章“卫星天线的接收技术”、第15章“卫星接收机性能测试”；
- 赵兴涛编著：《卫星电视系统装调技术难点一本通》第3章“各类卫星接收天线的技术特点和安调方法”、第6章“一锅一星卫星电视接收系统的调试”、第7章“一锅多星接收方案的科学设计和准确调试”；
- 刘进军编著：《卫星电视接收技术》第12章“卫星电视接收实例”、第12章“特种卫星电视接收实例”、第14章“故障判断与解决方案”；
- 《卫星通信设备操作维护手册》第3章“天线”、第9章“室外单元的维护和常见故障分析内容”，第16章“地球站设备测试”。

思考与练习

1. 某地球站位于北纬40°，东经116°，若接收轨位为东经92°的卫星信号，求天线仰角、方位角以及星站距离。

2. 静止卫星采用L、C、Ku和Ka频段，距地面的距离为38500km，试求以下频率的自由空间传播损耗：①1.6GHz/1.5GHz，②6.2GHz/4.0GHz，③14.2GHz/12.0GHz，④30.0GHz/20.0GHz。

3. 某12GHz地面接收系统的天线噪声温度为50K，高频头噪声温度为100K、增益为40dB，接收机噪声温度为2800K，试求该系统天线输出端的噪声温度。如果下行频率为12.5GHz，且天线效率为55%，那么接收系统的G/T值为多少？

4. QPSK调制的卫星链路的下行传输速率为60Mb/s，地球站接收机处的E_b/N_0为9.5dB，计算链路的C/N_0。

5. 某静止卫星距地面39000km，若14GHz频率转发器的饱和功率通量密度为$-90dBW/m^2$，且地面发射天线在14GHz的增益为52dB，试求：地球站的EIRP、地球站发射机的输出功率。

参考文献

1. 桂世昶、任祥麟、潘宗华:《卫星电视接收站技术手册》,北京广播学院出版社1987年版。
2. 车晴、王京玲:《数字卫星广播系统》,北京广播学院出版社1999年版。
3. 车晴、王京玲、张文杰:《数字卫星广播与微波技术》,中国广播电视出版社2003年版。
4. 沈永明:《卫星电视接收完全DIY(第2版)》,人民邮电出版社2011年版。
5. 赵兴涛:《卫星电视系统装调技术难点一本通》,机械工业出版社2012年版。
6. 刘进军:《卫星电视接收技术》,国防工业出版社2010年版。
7. 本书编写组:《卫星通信设备操作维护手册》,人民邮电出版社2009年版。

图书在版编目(CIP)数据

卫星广播技术/车晴,王京玲编著.--北京:中国传媒大学出版社,2015.4(2020.3 重印)
(网络工程专业“十二五”规划教材)
ISBN 978-7-5657-1151-0

Ⅰ.①卫… Ⅱ.①车… ②王… Ⅲ.①卫星广播系统-技术史-中国 Ⅳ.①TN938-092

中国版本图书馆 CIP 数据核字(2014)第 184907 号

网络工程专业“十二五”规划教材

卫星广播技术

WEIXING GUANGBO JISHU

编　　著	车　晴　王京玲
主　　审	韦博荣
责任编辑	蔡开松
装帧设计指导	吴学夫　杨　蕾　郭开鹤　吴　颖
设计总监	杨　蕾
装帧设计	刘鑫、方雪悦等平面设计创作团队
责任印制	李志鹏
出版发行	中国传媒大学出版社
社　　址	北京市朝阳区定福庄东街 1 号　　邮编:100024
电　　话	86-10-65450532 或 65450528　　传真:010-65779405
网　　址	http://cucp.cuc.edu.cn
经　　销	全国新华书店
印　　刷	三河市东方印刷有限公司
开　　本	787mm×1092mm　1/16
印　　张	12.75
字　　数	198 千字
版　　次	2015 年 4 月第 1 版
印　　次	2020 年 3 月第 2 次印刷
书　　号	ISBN 978-7-5657-1151-0/F·1151　　**定　价**　39.00 元

本书更多相关资源可从中国传媒大学出版社网站下载
网址：http://cucp.cuc.edu.cn
责任编辑：蔡开松　　　意见反馈及投稿邮箱：1091104926@qq.com
联系电话：010-65783654